AF358408

LA FORTUNE

CULTURE PROGRESSIVE

ÉVREUX, IMPRIMERIE DE A. HÉRISSEY.

LA FORTUNE

PAR LA

CULTURE PROGRESSIVE

BÉNÉFICE NET

15 A 20 P. 100 DU CAPITAL D'EXPLOITATION

PAR DE TRIMOND

O fortunatos nimium sua si bona norint
Agricolas !...   (VIRGILE.)

Trop heureux l'homme des champs s'il
connaît son bonheur.   (DELILLE.)

Traduction libre : Heureux le cultivateur
sachant tirer parti de ses terres.

———⟨⟨X⟩⟩———

PARIS

LIBRAIRIE CENTRALE D'AGRICULTURE ET DE JARDINAGE

RUE DES ÉCOLES, 82, PRÈS LE MUSÉE DE CLUNY

— Auguste **GOIN**, éditeur —

BUT DE CET OUVRAGE

Les capitaux conduits avec intelligence et sagesse, soit dans la banque, soit dans l'industrie, soit dans le commerce, rapportent par an 15 à 20 p. 100 de bénéfice. Il faut dire cependant qu'il est nécessaire de faire une part assez large aux suspensions de payement, aux faillites et aux révolutions, part qui peut non-seulement diminuer l'intérêt de moitié, mais encore quelque fois compromettre une partie notable du capital.

Je viens démontrer que, avec des risques beaucoup moindres, le capital confié d'une manière éclairée à l'agriculture peut rapporter chaque année un bénéfice net de 15 à 20 p. 100.

Les risques ne peuvent être autres que ceux résultant des épizooties (d'ailleurs fort rares en France) et des années mauvaises, dont il est facile d'atténuer les conséquences par le système que je vais proposer.

Il paraîtra certainement étrange à plusieurs que, pour présenter cette assertion, j'aie choisi juste le moment où les plaintes des cultivateurs se font entendre de toute part avec un désolant accord.

J'ai choisi à dessein l'année qui présente le mieux tout ce que renferme de vicieux le système d'économie agricole.

Beaucoup accusent le libre échange comme la cause de leur malaise; or, le libre échange n'a rien à voir dans cette question, puisqu'il est prouvé que le chiffre des importations a été inférieur à celui des exportations.

Tout se réduit donc au *prix de revient*, trop élevé par rapport au prix de vente.

Puissent ces quelques pages ranimer le courage et la confiance des agriculteurs. S'il est un point important, c'est de reconnaître la cause du mal ; car il ne reste plus alors qu'à prendre le moyen de le conjurer par la suite.

AVANT-PROPOS

La profession d'agriculteur sera toujours la plus noble et la plus honorée entre toutes.

C'est à la campagne surtout que se rencontrent : la simplicité, la sobriété, la droiture, l'honnêteté, l'esprit de famille et les mœurs patriarcales.

C'est du milieu des populations rurales que sortent chaque année ces miliers de jeunes gens qui rendent nos armées invincibles et exaltent le nom français dans toutes les parties du globe.

C'est, enfin, de l'agriculture principalement que la France tire cette abondance, cette richesse et cette puissance qui la placent sans rivale parmi les nations du monde entier.

Jeunes hommes qui vous étiolez à Paris au souffle desséchant de toutes les passions et consumez inutilement une vie précieuse dans un mouvement sans but, ne grossissez plus chaque année ces légions de surnuméraires qui encombrent les antichambres; allez à la campagne !

Vous tous, dégoûtés de la vie, déçus dans vos espérances ou trompés dans votre ambition, retournez à vos foyers, faites-vous agriculteurs; vous vous créerez ainsi de puissants intérêts et vous retrouverez la santé, la paix, l'énergie, la force, les joies de famille, le bonheur et la fortune.

Depuis vingt ans, de grands progrès se sont faits

en agriculture. D'excellents ouvrages ont été publiés à ce sujet par des hommes éminents et les plus distingués par le talent. Il suffit de citer entre tous : MM. Barral, Boussingault, Moll, Payen, Gayot, Victor Borie. Ces messieurs se sont faits les pionniers de la rénovation agricole ; ils ont étudié, scruté, approfondi et analysé à l'aide de la chimie les mystères de la végétation ; ils ont établi les bases réelles de l'économie rurale, tout en élevant l'agronomie à la hauteur de la plus importante et de la plus nécessaire des sciences. Cette science a donc aussi ses grands maîtres. Qui n'a entendu parler des pacifiques et glorieuses conquêtes des Decrombecque, Bella, Bodin, Lecouteux, Dezeimeris, Heuzé, de Saisy, Dailly, de Falloux, Darblay, de Vogüé, Fiévet, de Béhague, Pepin-Lehalleur, de Bouillé, Garnot, de Lentilhac, Bailleau-Lesueur, de Torcy, Tiersonnier, Cail, de Dampierre, Pluchet, Adeline et de tant d'autres si célèbres dans les fastes de nos concours régionaux !

Cependant, à part quelques hommes intelligents et instruits, la plupart des petits cultivateurs manquent des connaissances suffisantes et nécessaires à la réussite complète de toute exploitation.

Il leur faudrait acheter, lire et étudier au moins dix ou douze volumes spéciaux, pour pouvoir réformer quelques idées fausses, et acquérir un degré de science qui les mette à même de retirer de leurs propriétés tous les avantages qu'ils sont en droit d'attendre.

Malheureusement, l'homme de la campagne lit peu et a, de plus, cette malheureuse certitude que ce qui est imprimé dans les livres ne vaut jamais sa propre expérience.

Je ne doute pas que, bientôt, tout instituteur communal ne soit obligé d'apprendre d'abord, et d'enseigner ensuite, les principes élémentaires de l'agriculture à tous les enfants dont l'instruction lui sera confiée.

Déjà, nous avons fait un pas immense, grâce aux travaux des hommes éminents cités plus haut, grâce aux fermes-écoles, et grâce aussi surtout à ces comices agricoles qui sont parvenus à faire sortir bon nombre de cultivateurs de la routine et de la léthargie où ils étaient plongés.

C'est donc dans le but d'éclairer le cultivateur que je me suis décidé à écrire avec la plus stricte brièveté tout ce qui est de nature à le conduire dans la voie de l'amélioration, du progrès, de la réussite et de la fortune.

Ma prétention est de pénétrer dans la plus humble chaumière; mon espoir est de convaincre tout homme, n'aurait-il qu'un seul hectare, qu'il y a possibilité pour lui d'augmenter et de doubler même le produit annuel de sa terre. Je démontrerai que l'agriculture est une profession qui peut devenir très-lucratrive.

Je n'avancerai d'ailleurs aucune théorie qui ne soit passée déjà depuis longtemps à l'état de fait pratique. Je suis prêt d'avance à donner toutes les indications à cet égard.

Je n'affirme rien que je n'aie vu de mes propres yeux; la vérité et le désir d'être utile au plus grand nombre sont ma seule ambition.

Je n'ai fait que réunir et réduire à leur plus simple expression, toutes les données reçues jusqu'à ce jour.

1.

Voici mes titres à l'attention et à l'intérêt de mes lecteurs :

Je suis Beauceron; mon éducation s'est faite au milieu de fermes considérables et bien tenues.

De vingt-cinq à trente ans, je suis allé étudier l'agriculture en Flandre, en Belgique, en Angleterre, en Allemagne, en Lombardie, et dans les différentes parties de la France.

J'ai vu des exploitations de 50 hectares produire de plus beaux bénéfices que bien des fermes de 100 à 150 hectares.

Je viens donc apporter le résultat de mes observations, de mes études, de mon expérience, et mes conclusions, dans un petit livre dont la simplicité est l'unique prétention.

LA FORTUNE

PAR LA

CULTURE PROGRESSIVE

Entraves de la culture

1° Beaucoup de cultivateurs prennent à bail une ferme trop souvent au-dessus de leurs ressources financières. Tel qui ne fait que de fort médiocres affaires dans une exploitation de 100 hectares en ferait d'excellentes, au contraire, s'il ne faisait valoir que 50 hectares.

En d'autres termes, ils entrent dans une ferme avec un capital de 3 à 400 francs par hectare, au lieu de 6 à 800 francs. Leur capital est donc insuffisant de moitié.

2° Ils n'entretiennent que le nombre de bestiaux *trop strictement nécessaire*, et encore pas toujours.

3° Ils veulent faire trop de blé avec peu de fumier, et, par contre, ils ne font pas assez de fourrages.

4° Ils laissent perdre ou s'évaporer les fumiers dans leurs cours ou dans leurs champs avec une incurie désastreuse.

5° Ils dédaignent les urines de leurs bestiaux, ne font point d'irrigations, et ne profitent aucunement de ce riche et précieux engrais.

Avec un tel système, les meilleures terres s'épuisent et sont envahies par les mauvaises herbes. La moyenne du produit en blé pour toute la France, ne dépasse pas 12 hectolitres à l'hectare, lorsqu'elle devrait être de 18 hectolitres au moins.

Et cependant nous avons accompli depuis vingt ans des progrès sensibles. Autrefois, le chiffre des produits était lamentable.

Division de la propriété. — Il y a une autre entrave dont il est plus difficile de s'affranchir : je veux parler du morcellement de la propriété. Sur 46 millions d'hectares de terres cultivées, plus de 14 millions appartiennent à 5 millions de propriétaires, ce qui équivaut à des domaines de 3 hectares à peine.

Quel système agricole, quel assolement peut suivre un cultivateur sur 3 hectares? Quelles améliorations peut-il y apporter? Comment achètera-t-il le bétail ou les engrais nécessaires?

Il y a des exploitations composées d'une multitude de pièces séparées et souvent fort éloignées les unes des autres. Quelle perte de temps pour le cultivateur. Combien les frais de main-d'œuvre se trouvent ainsi augmentés!

Conditions vicieuses des baux. — La plupart des

baux n'excèdent pas neuf ans. Je connais des pays où ils sont de trois, six ou neuf années, absolument comme pour la location des appartements.

Les baux devraient être faits pour une durée de dix-huit à vingt-sept ans. Ce n'est que dans ces conditions que le fermier possédant quelques capitaux se risquera à entreprendre sérieusement à ses frais l'amélioration du domaine ; au moins ainsi il aura la perspective assurée de retirer le fruit mérité de ses travaux et de ses avances.

CONDITIONS IMPORTANTES D'UN BAIL. — Tout propriétaire devrait apporter dans un bail les deux conditions suivantes :

1º Le fermier s'engage à cultiver les trois cinquièmes de l'exploitation tant en racines qu'en fourrages.

2º Il entretiendra toute l'année autant de têtes de gros bétail qu'il y a d'hectares dans le domaine.

Il est vrai qu'avec de semblables conditions bien des fermiers n'auraient nulle envie de se présenter ; mais où serait le mal pour le propriétaire ? Est-il donc préférable d'affermer quand même et de marcher ainsi peu à peu à l'épuisement complet du sol ?

Il y va cependant tout à la fois de l'intérêt du propriétaire et de celui du fermier.

D'ailleurs cette clause d'une tête de gros bétail par hectare pourrait n'être obligatoire qu'après les six ou neuf premières années du bail.

ASSOLEMENT VICIEUX. — Dans bien des pays l'assolement est vicieux, et on oblige le fermier à le conserver, sous peine de résiliation. Ce système est déplorable; il importe donc de le modifier.

CHAQUE CHOSE A SON TEMPS. — Des cultivateurs négligents sont souvent en retard pour un labour, un semis ou une récolte, et perdent ainsi chaque année une partie des bénéfices qu'ils étaient en droit d'espérer. On ne doit jamais remettre au lendemain ce qui peut être fait le jour même. Que de fourrages perdus ou de mauvaise qualité; que de grains inférieurs mal vendus pour n'avoir pas été coupés et rentrés en temps opportun !

LE MANQUE DE BRAS. — Les bras deviennent de plus en plus rares et chers à la campagne; c'est là une des plus graves difficultés pour le cultivateur. Il est souvent fort mal servi, même à prix d'argent; et du moment où il n'est plus sur le dos de ses gens, tout marche à la débandade. Le moins qui arrive toujours est le temps perdu.

Il importe cependant de rendre à ses serviteurs la vie aussi heureuse que possible, et de savoir se les attacher par la bonté, la douceur de caractère, et surtout par quelques récompenses ou primes d'encouragement méritées. Cette dépense-là vous rapportera beaucoup, ne craignez pas de la faire. Plusieurs personnes se sont trouvées très-bien d'intéresser leurs valets de ferme dans la vente de leurs produits.

Ces employés arriveraient à soigner le bétail jour et nuit comme leur bien propre.

Enfin, puisque la main-d'œuvre devient si coûteuse, c'est à vous de faire désormais une culture plus avantageuse et d'élever d'années en années le chiffre de vos recettes. Quant au moyen d'y parvenir, lisez-moi avec attention, sans parti pris, et vous le trouverez infailliblement dans ces quelques pages.

Du nombre des animaux dans une ferme

Pour réussir et faire fortune dans une exploitation agricole, il faut faire avant tout *du fumier, beaucoup de fumier, le plus possible de fumier.* Cet axiôme pour n'être pas nouveau, n'a jamais cessé d'être d'une vérité absolue.

Il faut donc nourrir non pas seulement une tête de gros bétail par 2 hectares, mais *en nourrir une par chaque hectare*; et dépasser même ce chiffre autant que possible.

Dans ce système, on cultive avec le double de fumier pour obtenir des récoltes doublement abondantes. En faisant le double de fumier, on fait aussi nécessairement le double de lait et de viande.

Mon but est donc d'indiquer les moyens de parvenir facilement au résultat que je propose, c'est-à-dire d'entretenir le plus grand nombre possible d'animaux dans toute exploitation.

Il est reconnu de tous qu'il faut 12,000 kil. de fumier par an et par hectare, pour espérer de bonnes récoltes; et, comme on a généralement admis qu'une tête de gros bétail donnait 24,000 kil. de fumier par an, on en a conclu qu'il suffisait d'une tête pour fumer deux hectares.

En théorie, cela peut-être ; mais, dans la pratique, je n'accepte pas ce rendement à 24,000 kil. de fumier par an.

Un cheval, ou dix moutons, ou même une vache ne donnent pas cette quantité ; j'en appelle à tous les cultivateurs.

Je n'admets ce chiffre de 24,000 kil. que pour les bœufs de taille tenus à l'engrais; mais il s'en faut de beaucoup que dans une ferme *vous ayez tous bœufs à l'engrais.*

J'accepterai tout au plus comme moyenne générale le chiffre de 16,000 kil. par tête, l'une dans l'autre, en y comprenant les déjections solides et liquides.

Donc, dans la pratique, la moyenne des terres en France, ne reçoit pas même 8,000 kil. de fumier chaque année. J'ajouterai même que, d'après la moyenne du rendement en blé (12 hectolitres par hectare) pour toute la culture en France, la quantité du fumier ne ressort chimiquement qu'à 5,000 kil. au plus par hectare, si l'on tient compte de l'azote de l'air.

Avec un nombre double de bestiaux, on sortira nécessairement de cette moyenne de 12 hectolitres à l'hectare, pour l'élever progressivement. Et justement parce que le prix du blé est actuellement peu rémunérateur, il est avantageux d'en augmenter le rendement à l'hectare. Chacun comprend facilement que 25 hectolitres de blé à l'hectare, coûtent moins à produire que 12 ou 18, puisque le prix de revient est d'autant plus cher que la récolte est peu considérable.

Moyen d'entretenir autant et plus d'animaux que d'hectares

On cultive LE CINQUIÈME de toutes ses terres en RACINES, telles que : la betterave, la carotte, la pomme de terre, le panais, les raves, le choux navet ou rutabaga de Suède, le turneps des Anglais, la citrouille, le topinambour, le navet des sablons, le chou cabu, le chou branchu ou cavalier du Poitou.

Un seul hectare de l'une de ces racines permet d'entretenir pendant quatre à six mois d'hiver de 5 à 12 têtes de gros bétail.

Toutefois dans un sol fertile, un dixième de l'exploitation serait suffisant, et l'autre dixième pourrait donner lieu à la culture industrielle, telle que : le chanvre, le lin, le colza, etc., etc.; mais il est, et il sera toujours préférable, de cultiver *un cinquième* en racines, car alors on peut se livrer avec succès à l'engrais du bétail pendant plusieurs mois d'hiver avec le surplus de la consommation ordinaire.

On cultive *un autre cinquième* de l'exploitation EN FOURRAGES HATIFS, qui sont bons à couper en vert deux ou trois mois après avoir été semés. Ces fourrages peuvent donner facilement de *trois à quatre récoltes* par an.

Ce sont :

Le seigle, l'avoine, le sarrasin le farouch ou trèfle incarnat, le maïs quarantain, le maïs Cuzo, le moha de Hongrie, l'alpiste, le millet, la navette d'été, la moutarde blanche, le colza, l'orge céleste, la spergule géante, la vesce, la féverole et les pois hâtifs.

En mélangeant trois de ces fourrages ensemble, chaque hectare vous permet d'entretenir *au moins cinq têtes* de gros bétail pendant six mois de la belle saison.

Vous cultivez en trèfle, sainfoin ou luzerne un autre *cinquième* de vos terres, pour votre provision d'hiver.

Ceux qui ont des prairies naturelles peuvent ne pas cnltiver cette quantité; mais le système d'assolement général en souffrira.

Il vous reste un *cinquième* à cultiver en blé, et enfin le dernier *cinquième* pour l'avoine, seigle, orge, ray-grass ou sorgho sucré.

Voilà le moyen de faire *beaucoup de fumier* et d'avoir en outre des bénéfices plus élevés que si vous cultiviez davantage de blé.

Je connais des cultivateurs qui entretiennent par ce moyen sur un domaine de 100 hectares, 135 têtes de gros bétail..., et je dois ajouter que ce sont les

seuls qui obtiennent *15 à 20 pour 100* d'intérêt, pour leur capital d'exploitation. Or, ce chiffre de bénéfice, chacun peut l'obtenir, depuis le plus petit jusqu'au plus grand, soyez-en parfaitement convaincu.

Après avoir dit quelques mots des fumiers et de divers engrais, je traiterai dans des chapitres spéciaux les différentes racines et les fourrages désignés ci-dessus.

Je présenterai ensuite quelques aperçus au sujet des diverses espèces d'animaux et des produits que l'on peut en retirer.

Ce qu'il ne faut pas perdre de vue

200 kil. de fumier.......,
50 litres de lait.........
2 kil. 1/2 de beurre. ... } sont produits par 100 KIL. DE FOIN.
10 kil. de fromage......
3 kil. de viande. ......

400 kil. de fourrages verts
400 à 500 kil. de racines. } égalent 100 KIL. DE FOIN.
300 kil. de paille........

Une tête de gros bétail de plus dans une exploitation produit, outre un revenu de 150 à 200 francs, 16,000 KIL. DE FUMIER.

25 hectolitres de blé.
32,000 k. de fourrag. verts
32,000 kil. de racines. ... } sont prod. par 16,000 K. DE FUMIER.
8,000 kil. de foin........

Equivalents d'un kil. de foin. — Sont équivalents à 1 kil. de foin :

400 grammes d'orge, seigle, pois gris, féverolles, cuits ou fermentés (pour l'engrais).

500 grammes d'avoine.

2 kil. de pomme de terre cuite (pour l'engrais).

3 kil. de trèfle vert.

3 kil. 1/2 de pomme de terre crue, topinambour.

4 kil. de regain, ou de fourrages verts tels que le sainfoin, la luzerne, le maïs, le sorgho sucré, les fourrages hâtifs.

4 kil. de betteraves, carottes, citrouilles.

5 kil. de raves, navets, turneps, choux.

Matières chimiques nécessaires à la végétation

Toute plante, pour se développer et arriver à sa maturité, a besoin d'éléments organiques et minéraux.

Les éléments organiques sont : le carbone, l'hydrogène, l'oxygène et l'*azote*. Ils sont fournis au sol et à la plante par l'air et l'eau ; toutefois la quantité d'azote fourni par l'atmosphère n'est pas suffisante pour obtenir de bonnes récoltes ; de là, nécessité de donner de l'azote au sol, par le fumier ou toute autre matière riche en sels ammoniacaux.

Les éléments minéraux sont : la chaux, la potasse,

la silice, le phosphore, la soude et plusieurs autres ,
mais beaucoup moins importants et nécessaires que
ceux qui précèdent.

Tout sol , plus ou moins dépourvu des éléments
minéraux désignés ci-dessus, ne pourra donc donner
lieu qu'à une végétation incomplète.

Des fumiers

Le fumier est la *pierre philosophale* de l'agriculture.

Le fumier est par excellence l'agent le plus nécessaire et essentiel de la végétation ; car il contient à
la fois l'azote, le phosphore, la chaux, la silice, la
soude et la potasse.

Ceci suffit à expliquer toute son importance et sa
valeur.

Toutefois, les éléments chimiques dont sont com-
posés les fumiers varient plus ou moins, selon qu'ils
ont été produits par telle ou telle racine, tel ou tel
fourrage, et selon surtout la nature et la composition des terres qui ont produit ces racines ou ces
fourrages.

Là où le sol manquera soit de chaux, soit de potasse, ou de phosphore ou de silice, les végétaux
récoltés sur ce sol en manqueront, et par conséquent
aussi, les fumiers produits par ces végétaux.

De là , nécessité plus ou moins grande de donner
ce qui manquerait à la terre ou au fumier sous la

forme d'un engrais commercial riche en phosphate de chaux ou en potasse.

Soins a donner aux fumiers. — Il est de la plus haute importance d'apporter tous ses soins à la fabrique du fumier.

Dans un grand nombre d'exploitations, on en laisse perdre des masses considérables. Les uns sont exposés au soleil et se desséchent ; d'autres sont inondés par les eaux pluviales ; ceux-ci ne les répandent qu'au bout d'un an sur leurs terres, lorsqu'ils sont beaucoup trop réduits ou atteints de blanc ; ceux-là enfin, avant de les recouvrir immédiatement par un labour, les ont laissé évaporer en plein air des journées entières.

C'est ainsi que le fumier perd la moitié ou les trois quarts de l'ammoniaque qu'il contient.

Un tel système ne peut qu'engendrer la misère et la ruine.

Le fumier doit être placé sur une plate-forme ronde ou carrée, dans l'endroit le plus ombragé de la cour et le plus à l'abri du soleil. On doit ménager une pente douce pour le faire fouler aux pieds des bestiaux, afin d'en faciliter le tassement. Il doit être recouvert par de la paille ou de la terre, ou des herbes coupées.

Tout autour de la plate-forme, vous creusez une rigole qui puisse aboutir à un fossé, réservoir ou citerne. De plus, d'autres rigoles conduiront des écuries et des étables à la citerne toute cette immense quantité d'urines avec lesquelles les Flamands, les Belges et les Anglais arrosent périodiquement leurs racines et leurs prairies, au moyen d'un tonneau contenant 6 hectolitres environ.

Lorsque le fumier est en vapeur et menace de se moisir ou de prendre le *blanc*, vous l'arrosez avec le contenu de la citerne, au moyen d'une pompe très-simple et fort peu coûteuse à établir.

Au bout de trois mois, le fumier est bon à porter dans les champs ; passé ce laps de temps, vous risquez de lui voir perdre peu à peu une partie de sa richesse.

Vous ne transportez sur vos terres que la quantité que vous pourrez enterrer dans la journée, cela pour éviter autant que possible toute évaporation.

Le fumier est recouvert de terre à une profondeur qui varie de 5 à 8 centimètres. On enterre davantage dans les terres légères que dans les terres fortes, ainsi que pour une récolte de racines.

Il y a un moyen bien simple à employer pour éviter l'évaporation du fumier, c'est de répandre de temps à autre une légère couche de plâtre dessus ; dans ce cas, les gaz sont fixés, et on obtient du sulfate d'ammoniaque.

Cette méthode est peu dispendieuse et très-profitable.

On aura soin de mélanger par couches les fumiers de diverses natures, de manière à faire ce qu'on appelle du fumier normal.

Les fumiers de cheval et de mouton sont les plus

chauds, les plus substantiels et les plus riches ; ils conviennent particulièrement aux terres froides et fortes.

Le fumier de vache, plus froid, convient davantage aux terres légères, sableuses ou de moyenne consistance.

Le fumier de porc, plus froid encore, sera employé surtout pour les terres chaudes et légères.

Toutefois, il est préférable de mélanger ces fumiers et de les employer indifféremment sur toutes ses terres.

Un cheval ne produit pas beaucoup plus de 1,000 kil. de fumier par mois, mais *il en perd la moitié* en travaillant. Toutefois la valeur de ce fumier est grande.

Dix moutons ne donnent pas plus de 800 kil. de fumier par mois, à moins d'être fortement nourris et poussés, c'est-à-dire soumis à l'engrais. 1,000 kil. de ce fumier sont équivalents à 2,000 kil. de fumier de vache. Cent moutons parqués fument en six mois 3 hectares et 75 ares, soit 80 centimètres carrés en vingt-quatre heures pour chaque mouton.

Une vache ou un bœuf de forte taille, et bien nourris, donnent 1,500 kil. de fumier ; s'ils sont à l'engrais, ils donnent facilement chacun 2,000 kil. de fumier par mois. Douze petits cochons ou trois gros porcs donnent à peu près autant de fumier qu'une vache.

Vous fumez tous les ans vos terres à raison de

16,000 kil. à l'hectare, ou de 32,000 tous les deux ans, ou de 64,000 tous les quatre ans.

Cette dernière méthode est préférable de beaucoup sur les terres fortes, froides et même de consistance moyenne, surtout si vous voulez faire des racines ou plantes sarclées.

C'est un véritable fond donné à la terre, qui vous le rendra avec usure.

Toutefois, les terres légères ou sableuses consommant plus vite leur fumier, il est préférable de le leur fournir tous les ans ou tous les deux ans au plus.

LITIÈRE. — Les chevaux doivent avoir leur litière renouvelée tous les jours.

Quant aux bêtes à cornes et aux moutons, il suffit de la laisser s'accumuler pendant huit jours, pour la retirer au bout de ce temps.

Les animaux nourris en vert exigent et consomment plus de litière que lorsqu'ils sont nourris au sec.

Il faut compter par jour de 3 à 5 kil de litière par tête de gros bétail.

C'est une grande erreur de croire qu'il faut avant tout de la paille pour faire de la litière. La paille a trop de valeur par elle-même comme nourriture pour en faire cet usage. On doit avant tout faire consommer la paille par ses bestiaux, et la donner de préférence hachée, ce qui constitue une économie très-grande.

Faites de la litière avec de la paille pour vos chevaux ; mais pour les autres animaux servez-vous de feuilles sèches, de bruyères ou de mauvaises herbes sèches si vous en avez ; mais servez-vous surtout de terre ou d'argile desséchée au soleil et mise en provision à cet effet sous un hangar plusieurs mois d'avance ; ajoutez à cette terre, à cette argile, un peu de plâtre et vous aurez un excellent compost, aussi riche que tout autre fumier fait avec de la paille. On compte par jour 5 mètres cubes de terre sèche pour la litière de trois cents moutons et 2 mètres cubes pour vingt têtes de gros bétail.

Que si vous craignez par ce moyen de ne pas voir vos animaux suffisamment propres, chargez une femme ou un garçon de 14 à 15 ans d'enlever à l'aide d'une pelle et d'une brouette les immondices de vos bêtes à cornes.

Calculez ce que vous économisez de paille au bout de l'année par ce système.

Quant aux moutons, ne sont-ils pas faits pour coucher sur la terre ? Ne les parquez-vous pas quatre ou six mois de la belle saison ? Vous conserverez ainsi toutes leurs urines.

Si vous voulez obtenir beaucoup de fumier, gardez vos animaux à l'étable toute l'année, et tenez pour certain que la fiente de vos vaches est aux trois quarts perdue dans vos prairies par suite de l'évaporation au grand air, sans compter que vos prairies sont fort inégalement fumées.

Si vous tenez absolument à laisser vos bêtes au grand air, pour économiser des frais de coupe et de transport, faites enlever chaque jour, à la pelle, *toutes les fientes* et préparez en un compost sur place avec de la terre, ou enfin, ce qui est très-bon, jetez vos bouses de vaches dans votre réservoir à purin, ajoutez-y de l'eau, faites agiter le liquide avec un bâton, et versez-y 15 grammes d'acide sulfurique par hectolitre environ. Vous obtiendrez ainsi, à peu de frais, un riche liquide pour irriguer vos prairies.

Le fumier normal contient par 1,000 kil. environ 650 kil. d'eau, 4 kil. d'azote, 4 kil. de phosphate de chaux, 7 kil. de carbonate de potasse, 10 kil. de chaux, et plusieurs autres matières minérales, telles que silice, soude, etc.

Ces chiffres peuvent varier selon la nature du fumier.

On estime les 1,000 kil. de 8 à 12 fr. ; mais si l'estimation se faisait d'après les cours des engrais chimiques, elle serait de 15 à 16 fr. La valeur du fumier et de tout autre engrais ou amendement est donc en raison de la quantité d'azote et de phosphate qu'il contient.

1 mètre cube de fumier pèse de 700 à 800 kil.

Un homme charge par heure une voiture de fumier contenant 1 mètre 40 centimètres cubes, par conséquent 14 mètres cubes en dix heures.

Un homme décharge aux champs, par jour, 40 mètres cubes.

Une femme peut étendre, en un jour, 14 mètres cubes sur 30 ares.

Purin.— J'ai parlé plus haut de la fosse, du réservoir ou de la citerne nécessaire pour le contenir. C'est un fort riche engrais contenant 1 kil. p. 100 d'azote.

Voici les quantités diverses qu'on est en droit d'attendre :

L'homme, 1 kil. par jour, pouvant fumer par an 1 are de terre.
Le cheval, 4 à 5 k. —   —   — 15   —
La vache, 10 à 12 k. —   —   — 36   —

On emploie le purin, lorsqu'il a fermenté, à raison de 100 hectolitres à l'hectare. On le répand, le soir ou le matin, par un temps sec et chaud ; on ajoute la plupart du temps 2 à 300 hectolitres d'eau à cette quantité. Cette irrigation produit d'immenses résultats sur toutes les cultures, et particulièrement sur les prairies, dont elle double le rendement. On peut diminuer la quantité indiquée et arroser plus souvent.

Un tonneau contenant six hectolitres peut arroser un hectare en six heures.

Pour éviter la déperdition de l'ammoniaque contenu dans les urines, il est absolument nécessaire d'en fixer les gaz, soit par 50 grammes de plâtre par hectolitre de liquide, soit par 50 grammes de sulfate de soude (sel de Glauber), soit par 40 grammes d'acide chlorhydrique, soit par 50 grammes de sulfate de fer, soit enfin par 15 grammes d'acide sulfurique.

Par ce moyen seul, cent têtes de gros bétail fumeraient ainsi de 25 à 30 hectares par an et donneraient à chaque hectare environ 100 kil. d'azote, qui, au prix de 2 fr. le kil. constitueraient un engrais de 200 fr. par hectare.

Calculez maintenant combien perdent chaque année les nombreux cultivateurs qui dédaignent ce précieux amendement.

DIVERS AUTRES ENGRAIS ET AMENDEMENTS

Substances minérales

SULFATE DE CHAUX. — Le sulfate de chaux, ou *plâtre* cuit ou cru, agit peu sur les prairies naturelles (graminées).

Son action est au contraire énergique sur les légumineuses, telles que trèfle, sainfoin et luzerne.

On reconnaît qu'il est bon lorsqu'il ne fait pas effervescence dans un acide, ou lorsqu'il se dissout presque entièrement dans l'acide chlorhydrique.

Le prix varie, selon les pays, de 1 à 2 fr. l'hectolitre.

Le plâtre des démolitions, tout aussi bon, ne coûte que 50 à 75 centimes.

La quantité à employer, broyée en poudre fine, est de 3 hectolitres à l'hectare. On le sème le matin ou le soir, par la rosée, par un temps chaud et couvert, ou mélangé avec les graines de trèfle, sainfoin et luzerne.

Il développe dans les plantes la potasse, l'acide

2.

sulfurique et la chaux. Il n'agit que dans les sols calcaires.

Un excellent moyen consiste à le mêler au fumier à raison de 1 kil. p. 100, et dans ce cas il agit plus énergiquement mélangé deux mois auparavant.

On ne plâtre que tous les cinq ou six ans.

ACIDE SULFURIQUE.—L'acide sulfurique agit comme le plâtre, à raison de 4 litres pour 2,000 litres d'eau. Il coûte 50 fr. les 100 kil.

CENDRES DE BOIS. — Elles sont composées de carbonates de potasse et de soude, de sulfate et phosphate de potasse, de silicate de potasse et de soude, de chlorure de potassium (tous sels solubles) et de plusieurs autres carbonates, phosphates et acides insolubles.

On les répand au printemps à la dose de 30 à 60 hectolitres par hectare. Elles conviennent par-dessus tout à la betterave, au topinambour, au maïs, à la vigne, à la plupart des racines et au blé lui-même.

La *charrée* est moins riche, mais aussi moins brûlante.

Son effet dure plusieurs années. Tout le monde connaît ses résultats sur les prairies naturelles.

CENDRES DE TOURBE ET DE HOUILLE. — Elles contiennent peu de sels solubles, et leur effet ne dure pas plus d'un an.

Elles conviennent à la pomme de terre, au trèfle,

à la luzerne et au seigle, à la dose de 25 à 50 hectolitres à l'hectare.

CENDRES DE VARECH OU GOEMON. — Elles sont fort
riches en sels solubles et s'emploient à raison de
20 à 30 hectolitres.

L'ECOBUAGE est excellent dans les défrichements
des terres argileuses. Il convient surtout à la culture
des choux et des légumineuses, à la condition d'a-
jouter 50 à 100 hectolitres de chaux et de fumer un
an ou deux ans après.

Engrais azotés

FUMURE VERTE. — Un sarrazin, un colza ou un
fourrage vert quelconque enfouis par un labour,
donnent à la terre une assez riche quantité d'azote.
On fait précéder le labour d'un coup de rouleau très-
lourd. C'est donc un moyen peu coûteux de fumer le
sol. Le *varech* ou *goëmon*, dont on use si avantageusement aux bords de la mer, se trouve dans ces
conditions.

NITRATE ET SULFATE DE SOUDE. — Mélangés ensemble à la dose de 200 kilog. et répandus sur les
jeunes pousses de pommes de terre, ils donnent lieu
à des récoltes fabuleuses.

Le nitrate de soude convient à toutes les plantes

et renferme 16 p. 100 d'azote. Malheureusement son prix est assez élevé : 40 fr. les 100 kil.

Nitrate de potasse, très-riche engrais convenant au blé, aux racines, aux légumineuses et à la vigne. Il contient de 14 à 15 p. 100 d'azote et 50 p. 100 de potasse. Son prix de 120 fr. les 100 kil. en rend l'usage presque impossible en agriculture. Le carbonate de potasse ou la potasse raffinée du commerce peut remplacer jnsqu'à un certain point le nitrate de potasse et coûte 95 fr. les 100 kil. Son effet dure plusieurs années. On le répand à raison de 200 kil. à l'hectare, après l'avoir mélangé et fait fondre avec quatre fois son volume de terre. (Le carbonate de potasse, toutefois, ne contient pas d'azote.)

Chlorhydrate et sulfate d'ammoniaque, très-énergiques engrais. Le sulfate d'ammoniaque renferme 22 p. 100 d'azote, et le chlorhydrate 27 p. 100. Ils coûtent 40 fr. les 100 kil.

400 kil. de chlorhydrate d'ammoniaque mélangés dans 30 hectolitres d'eau, et répandus sur une prairie, ont donné 10,000 kil. de foin à l'hectare. 300 kil. suffisent pour le blé, les pommes de terre et les autres racines.

Cet engrais peut très-bien être remplacé par le *purin*, qui n'est rien autre que du carbonate d'ammoniaque.

La poudrette est fort avantageuse, pour les prairies surtout ; elle se répand au moment des labours à raison de 30 à 40 hectolitres à l'hectare. Son effet ne dure qu'un an.

LE SANG DESSÉCHÉ, fort riche engrais, se répand à raison de 400 à 500 kil. mêlé à cinq fois son volume de terre. 25 fr. les 100 kil. Il peut contenir 15 p. 100 d'azote.

ANIMAUX MORTS. — 4 à 500 kil. en poudre par hectare. On entoure un cadavre de chaux vive et de terre. Il est facile de se procurer cet engrais dans les équarrissages. 16 à 18 fr. les 100 kil.

VASE DES ÉTANGS. — 50 à 100 hectolitres mélangés et fermentés avec un dixième de chaux vive. Fort convenable pour les prairies.

BOUES DES VILLES.— 10,000 kil. à l'hectare peuvent être équivalents à 30,000 kil. de fumier. On ne doit les employer qu'après les avoir fait fermenter pendant trois ou quatre mois et y avoir ajouté un dixième de chaux vive.

LA SUIE contient 1 p. 100 d'azote et constitue un excellent amendement à raison de 40 à 50 hectolitres à l'hectare.

LES TOURTEAUX de lin, colza, œillette sont également des engrais fort azotés ; mais leur emploi ne laisse

pas que d'être coûteux ; il est préférable de les réserver pour engraisser les bestiaux. 10 à 12 fr. les
100 kil.

Engrais phosphatés

LE PHOSPHATE DE CHAUX ou poudre d'os, noir animal (os brûlés et broyés), constituent un fort riche
amendement et conviennent à tous les grains et à
toutes les racines dont ils doublent le produit. On les
répand à raison de 400 à 800 kil. Le noir animal coûte
de 14 à 18 fr., et le phosphate de chaux de 15 à 20 fr.
les 100 kil. On doit préférer celui qui vient des fabri-
ques de gélatine comme le plus assimilable. Un des
meilleurs moyens de se servir des phosphates est de
les mélanger avec les fumiers.

LE SUPERPHOSPHATE DE CHAUX est produit par trois
parties d'os en fragments on en poudre dissous
dans une partie d'acide sulfurique et une partie
d'eau. Il constitue un engrais d'autant plus riche que
toutes les parties en sont assimilables. Les Anglais en
font une très-grande consommation pour leur blé et
leurs racines, et l'emploient à raison de 200 à 400 kil.
à l'hectare. Les *phosphates fossiles* ne sont bien avantageux qu'à la condition d'avoir été dissous dans
l'acide sulfurique. On doit en faire du superphosphate.

Engrais azotés et phosphatés

LES CHIFFONS DE LAINE peuvent contenir 12 à 15 p. 100 d'azote, et se vendent coupés fins, de 5 à 8 fr. les 100 kil. On les emploie à raison de 2 à 3,000 kil. par hectare. Leur action est lente, et convient surtout aux racines semées dans les terres légères. Il est bon de les faire séjourner quelques semaines dans le purin ou le fumier, pour hâter leur décomposition.

LES RAPURES DE CORNES contiennent 50 p. 100 de phosphate de chaux et 10 à 12 p. 100 d'azote ; on les répand à raison de 1,000 kil. à l'hectare. Le prix varie de 15 à 20 fr. les 100 kil.

LES CRINS, POILS ET PLUMES sont un engrais puissant, et contiennent autant d'azote et de phosphate que les râpures de cornes ; on prétend même qu'ils sont plus riches. Ils s'emploient à raison de 4 à 600 kil. à l'hectare.

LA COLOMBINE ou poulaitte, 500 à 1,000 kil. à l'hectare.

LE GUANO est le plus chaud et le plus riche de tous les engrais. Il contient 10 à 15 p. 100 d'azote, et 20 p, 100 de phosphate environ. Mais il est rare qu'il contienne plus de 9 p. 100 d'azote, car il s'altère promptement et perd par la sécheresse et l'évaporation une partie de sa valeur.

Celui du PÉROU est le plus riche et aussi le plus cher, il coûte 33 fr. les 100 kil. Il y a d'autres variétés de guano dont le prix est moins élevé ; mais il va sans dire qu'ils dosent une moins grande quantité d'azote.

On répand le guano à raison de 200 à 400 kil. à l'hectare ; lorsqu'on use de cette dernière quantité, il est bon d'en répandre 200 kil. sur le blé à l'automne, et 200 kil. au printemps, toujours *par un temps humide et pluvieux*.

Il est bon de le mélanger avec trois ou quatre volumes de terre ou de sable, ou de sciure de bois et un peu de sel marin, ou surtout avec 200 kil. de phosphate de chaux, car le guano contient à proportion plus d'azote que de phosphate.

On ne saurait trop se faire garantir par écrit la quantité d'azote et de phosphate contenus dans le guano, car il est sujet à beaucoup de fraudes.

GUANO DE NORWÉGE (*Guano de poisson*). — D'après une analyse de M. Malaguti, professeur de la faculté des sciences à Rennes, le guano de Norwége contient 9 p. 100 d'azote, et 29 à 30 p. 100 de phosphate de chaux ; il ne coûte que 25 fr. les 100 kil. Il est donc fort avantageux et d'un prix modéré.

On le trouve chez M. Rohart, rue Saint-Louis, 70, à Batignolles, Paris.

Puisque j'ai nommé M. Rohart, j'ajouterai que ce chimiste-manufacturier vend 9 fr. les 100 kil. un engrais provenant de *matières animales*, et dosant 4 à 5 p. 100 d'azote, et 10 à 15 p. 100 de phosphates. On l'emploie à raison de 1,000 kil. à l'hectare, en le mélant soit au fumier, ou en le répandant à l'aide d'un léger hersage.

Cet engrais, mêlé au fumier ou à divers composts, en double la valeur et donne lieu à des récoltes considérables.

Je connais bon nombre de cultivateurs distingués qui emploient chaque année cet engrais en quantités notables, et qui suppléent ainsi à l'insuffisance de leurs fumiers. On trouve du reste chez M. Rohart tous les engrais commerciaux de quelque nature qu'ils soient.

On peut composer soi-même des engrais riches et puissants ; voici différentes formules :

```
Poudre d'os............ 300 k.
Sulfate d'ammoniaque. 100   } 550 kil. pour un hectare.
Carbonate de potasse.. 150
```

Le tout mêlé à quatre ou cinq fois son volume de terre.

Malheureusement le carbonate de potasse coûte 95 fr. les 100 kilos.

```
AUTRE FORMULE : Poudre d'os............. 300 kil.
                Sulfate de chaux (plâtre). 100
                Sulfate de soude........ 100
                Sulfate d'ammoniaque... 100
                Cendr. de bois (non lessiv.) 500 à 1,000 kil.
```

Le tout mêlé ensemble, après avoir fait fondre le sulfate d'ammoniaque dans 25 litres de purin.

Il est facile de fabriquer chez soi de riches composts avec des terres, de la chaux, du plâtre ou de la marne, des cendres, des feuilles, des mauvaises herbes, et toute sorte de détritus végétaux en les plaçant par couches successives, et en les arrosant de purin. Au bout de deux ou trois mois, un compost semblable est bon à conduire aux champs.

Engrais complet et parfait

Selon M. Georges Ville

Nitrate de soude.... 500 kil. valant 200 fr., correspondant à 80 kil. d'azote.
Phosphate de chaux. 400 — 80
Carbonate de potasse. 200 — 190
Chaux éteinte. ..... 200 — 5

Par hectare.. 1,300 k. val. 475 francs.

Ces quatre matières sont réduites en poudre et mélangées à cinq fois leur volume de terre bien meuble; et après avoir remué le tout à la pelle, on laisse reposer quatorze heures et on répand à la volée sur un hectare préalablement labouré; on sème ensuite, et on recouvre à la herse.

Cette fumure, d'après M. Ville, dure quatre ans et doit produire de 35 à 45 hectolitres de froment,

60 à 90,000 kil. de betteraves sucrières, et toutes les autres récoltes avec des chiffres semblables.

L'essai de cet engrais n'a été fait, il est vrai, que sur de fort petits espaces de terrain ; mais il est facile aux cultivateurs d'en faire eux-mêmes l'expérience sur une petite surface et de s'assurer ainsi de sa véritable valeur ; malheureusement, une pareille dépense n'est pas à la portée de toutes les bourses.

CULTURE SANS AUGMENTATION DE BESTIAUX. — Ceux qui ne voudraient pas augmenter le nombre de leurs animaux seront bien obligés de recourir aux engrais du commerce.

Aucun de ces engrais n'a la valeur complète et surtout la durée du fumier de ferme ; mais ils peuvent suppléer facilement au défaut de la quantité, en augmenter et en doubler même les effets. Ainsi que j'ai cru le démontrer amplement, il y a un avantage évident et une économie pour le cultivateur à user de ces engrais.

Si vous doutez de leurs effets, n'en achetez qu'une très-petite dose ; prenez la centième partie des quantités indiquées pour 1 hectare, et répandez-la sur 1 are de terre (10 mètres carrés) ; ayez soin de mettre en culture une parcelle égale qui n'aura pas reçu d'engrais. Lors de la récolte, vous serez fixé sur la valeur et les effets de votre expérience ; et vous saurez à quoi vous en tenir pour l'année suivante.

Soyez d'ailleurs persuadé de cette vérité :

Toute culture sans engrais suffisant est beaucoup plus couteuse qu'avec la dépense des engrais nécessaires. Si vous en doutez faites le calcul suivant :

1 hectare de blé vous coûtera, je suppose, en location, labours, hersages, semis et récolte..   180 fr.

Plus 8,000 kil. de fumier à 10 fr. le 1,000.   80

Total......   260

Avec un rendement de 14 hectolitres de blé, le prix de revient de l'hectotitre ressort à 18 fr. Où est votre bénéfice?...

Si au lieu de 8,000 kil. de fumier vous en employez 16,000, votre dépense totale sera alors de 340 fr.; mais comme vous aurez dans ce système 24 hectolitres de blé au lieu de 14, le prix de revient de l'hectolitre ressort à 14 fr. au lieu de 18; et vous aurez 1,400 kil. de paille en plus.

Faisons le calcul pour la betterave : la location, les labours, hersages, semis, sarclages et récolte, vous coûteront...................   280 fr.

A ce chiffre, nous ajouterons 160 fr. de fumier..............   160

Total......   440

Vous récolterez, je suppose, 30,000 kil. de betteraves, dont le prix ressortira à 14 fr. 66 c. les 1,000 kil.

Si vous doublez le chiffre du fumier ou autre engrais, votre dépense totale montera à 600 fr.; mais
comme vous récolterez le double de racines, 60,000
kil., il s'ensuit que les 1,000 kil. vous reviendront à
10 fr. au lieu de 14.

Cela prouve que l'économie basée avant tout sur
le prix de revient est la seule bien entendue; qu'il
est fort avantageux de fumer abondamment ses
terres, et de suppléer souvent à l'insuffisance du fumier par l'emploi des engrais commerciaux.

Chaux et marne

Le sol que vous exploitez est : ou argileux, ou
calcaire, ou siliceux, ou sableux; ou il est argilo-
siliceux, ou argilo-calcaire, ou, ce qui est le meilleur, il est argilo-silico-calcaire.

Dans ce dernier cas, vous n'avez pas besoin de
chauler ni de marner.

Toute terre qui, traitée par un acide, ne fait pas
effervescence manque de calcaire, et a par conséquent besoin d'être chaulée ou marnée.

Les sols siliceux manquant de calcaire, produisent
la fougère, le petit jonc, l'oseille, les mousses.

Les sols schisteux ou granitiques produisent l'ajonc
épineux.

Les argiles plastiques produisent les pas d'âne, les

joncs, les presles, les laîches, les renoncules, les persicaires.

Toutes ces plantes indiquent donc suffisamment la nécessité de la chaux ou de la marne.

MARNE. — La marne est plus ou moins riche en calcaire, et contient de 10 à 80 pour 100 de chaux. Il est donc difficile de fixer la quantité à employer; car il en faudra d'autant plus qu'elle sera moins riche.

Toutefois, lorsqu'elle contient 80 pour 100 de chaux, la quantité est généralement de 60,000 kil. par hectare, soit 40 mètres cubes pesant 1,500 kil. le mètre cube. Cette quantité peut revenir au prix de 150 ou 200 fr.

L'action de la marne est lente, et sa durée est de 15 ans. Elle exige des façons multipliées pour être bien mélangée au sol.

Elle convient surtout aux terres légères.

CHAUX. — La chaux est préférable pour les terres fortes. Son action est presque immédiate, et de plus, elle est souvent moins dispendieuse que la marne, qui exige quelquefois des frais de conduite consirables.

EFFETS DE LA CHAUX. — La chaux neutralise l'acidité du sol, elle en facilite l'ameublissement; elle aide surtout au dégagement de l'azote.

La quantité à employer est très-variable. En Angleterre, on chaule à raison de 150 à 300 hectolitres par hectare; mais aussi les Anglais usent de deux ou trois fois plus de fumier.

En France, le maximum est de 100 hectolitres à l'hectare pour une durée de 15 ans; 80 hectolitres égalent 40 mètres cubes de marne.

Mais il peut être préferable d'employer 50 hecto-litres tous les dix ans, et même 10 ou 20 hectolitres à la fois tous les quatre ou cinq ans. Cela dépend essentiellement de la nature du sol qui en a plus ou moins besoin. Les terres fortes en exigent une plus grande quantité que celles de moyenne consistance, ou tout à fait légères.

Le prix de la chaux varie, selon les pays, de 1 fr. jusqu'à 2 fr. et même 3 fr. l'hectolitre.

La chaux *grasse* est préférable; le mètre cube pèse 1,350 kil. et peut en foisonnant aller au chiffre de 1,900 à 2,200 kil.

On dépose la chaux par petits tas fortement recou-verts de terre, toujours par un temps sec, car il faut avant tout éviter la pluie. On enterre ensuite à la herse, ou au moyen d'un léger labour. Cette opéra-tion ne doit pas durer plus d'un mois.

Le meilleur moyen consiste à faire éteindre la chaux, par couches superposées avec quatre fois son volume de terre. On a soin de remuer le tout de fond en comble, deux fois à un mois de distance; et au bout de deux mois, vous avez un excellent compost que vous transportez dans vos champs à l'époque qui vous paraît la plus convenable.

L'année qui suit un chaulage, vous devez fumer plus abondamment que d'habitude.

Drainage

Toute terre dont le sous-sol est imperméable ou s'oppose à l'infiltration et à l'écoulement des eaux a besoin d'être drainée, si l'on ne veut pas faire des frais de culture en pure perte.

Le prix du drainage à l'hectare varie de 175 à 400 fr., selon la nature du sol, sa profondeur, et la quantité de drains à y placer.

Les drains (petits tuyaux en terre glaise cuite) sont placés de distance en distance, 10 à 20 mètres environ, avec une légère inclinaison permettant l'écoulement des eaux; ils assainissent ainsi toute l'étendue de la terre végétale.

Avantages du drainage. — Un sol drainé peut être travaillé en toute saison; les effets de la chaux s'y font complétement sentir; on peut y cultiver avantageusement toute espèce de plante, et le rendement général devient double et quelquefois triple de ce qu'il était avant cette opération.

Un hectare, qui avait tout au plus une valeur de 5 à 600 fr., présente après le drainage une plus-value de 1,000 à 2,000 fr.

La dépense qu'occasionne le drainage devient donc la plupart du temps un placement magnifique.

L'ingénieur de chaque département fait gratuitement le devis des frais de drainage.

Les nombreux propriétaires qui se sont décidés à entreprendre cette opération ont vu leurs revenus se doubler d'une année à l'autre. Souvent une seule récolte de froment suffit à payer les dépenses de l'opération.

Plus d'un fermier n'a pas craint de drainer à ses risques et périls la propriété dont il n'était que locataire, et malgré ce surcroît de dépense considérable il est arrivé beaucoup plus promptement à la fortune.

Irrigations

Si quelques terres ont le défaut d'être trop mouillées le plus grand nombre ont celui de ne pas l'être assez. Partout où une propriété est traversée par un cours d'eau quelconque, on devrait élever cette eau au moyen d'une bascule, d'une pompe, d'un manége, d'un moulin à vent ou de toute autre machine mue par la vapeur, pour la faire aboutir à des rigoles établies sur les terres à cet effet.

Une certaine étendue de terres irriguées par une machine à vapeur occasionne une dépense qui varie de 50 à 100 fr. au plus par hectare et par an, et donne lieu à une récolte trois et quatre fois plus considérable ; soit une plus - value de 2 à 300 fr. par an.

Il est facile de se procurer un ingénieur pour établir une machine hydraulique.

Voilà cependant encore une opération bien fructueuse. il est vrai que la majorité des propriétaires n'a point le privilége des cours d'eau ; mais il reste aux autres l'irrigation au moyen d'un tonneau contenant six hectolitres de liquide. Six heures suffisent à bien arroser un hectare.

Labours

LABOUR PROFOND. — Un labour profond est de 40 centimètres ; il est préférable à tout autre en ce qu'il exige *plus de fumier*. Il est nécessaire pour la culture des racines et autres plantes pivotantes, telles que le trèfle, le sainfoin et la luzerne.

On se sert de deux charrues pour opérer ce travail. La première laboure à 25 centimètres de profondeur, et la seconde charrue, dite *sous-sol*, suit le sillon de la première et laboure elle-même à une profondeur de 15 centimètres.

Les deux charrues réunies peuvent labourer par jour de 25 à 35 ares, selon la résistance plus ou moins grande du sol.

Il est bon d'effectuer les labours profonds avant l'hiver, et de laisser la terre se déliter et s'imprégner des gaz de l'atmosphère. Les fortes gelées sont surtout avantageuses pour ameublir le sol.

Je préfère le système de deux charrues à celui d'une seule, qui est alors appelée défonceuse; cette dernière exige au moins quatre chevaux; elle ne laboure pas à une profondeur de plus de 32 à 35 centimètres, et de plus elle a l'inconvénient de placer trop profondément dans le sous-sol une partie de la terre végétale.

On a observé que le blé lui-même, dans ces conditions, donnait un rendement de beaucoup supérieur.

Les labours profonds ont de plus l'avantage de faire résister les plantes à de fortes sécheresses; ils sont donc plus favorables à l'humidité et à la fraîcheur du sol.

LABOUR ORDINAIRE. — Sa profondeur varie de 15 à 25 centimètres; il est usité pour les blés, les fourrages, les récoltes dérobées.

LABOUR SUPERFICIEL. — Il varie de 10 à 15 centimètres. Il est surtout bon après le parcage des moutons, et pour enterrer les engrais pulvérulents. Il est encore usité pour empêcher le sol de se salir, de se crevasser, pour enterrer les semences et ameublir le sol. Une charrue laboure facilement dans sa journée 45 à 55 ares selon les terres.

LABOUR A PLAT OU EN PLANCHE. — Il est usité partout où il y a une quantité de terre végétale suffisante, et là où le sol est perméable. — Ce labour a l'avantage de donner à la culture une plus grande surface.

LABOUR EN BILLONS. — Ce labour est mis en pratique là où on manque d'engrais, là où la terre végétale est peu abondante, là enfin où le sol est trop imperméable. Dans ce cas, le fumier est placé sous chaque billon, mais il y a toujours une déperdition de terrain. Ce genre de labour convient surtout aux racines, au maïs et au sorgho sucré.

Il est inutile de dire que plus le rayage est long, moins il y a de perte de temps dans le labour. Il en est de même pour les pièces de terre rapprochées de la ferme.

CHARRUE, ARAIRE. — L'araire est préférable pour effectuer des labours profonds; mais elle exige plus d'habileté de la part de celui qui la conduit. La charrue, au contraire, avec son avant-train, rend beaucoup plus faciles les labours pour une culture superficielle.

Mais en cela chaque pays a ses habitudes, et il n'y a pas d'importance majeure à les changer.

Défrichements

On défriche ordinairement de novembre à mai. On se sert d'une araire et même de deux araires marchant à la suite l'une de l'autre, de manière à opérer un labour d'une profondeur de 25 à 40 centimètres. On fait un premier hersage en long de juin à août, et un second en travers au mois de septembre. On sème ensuite les grains de septembre à octobre, après quoi on herse pour recouvrir les semences.

Si on a fait usage d'un engrais pulvérulent, on aura pratiqué un coup de herse pour l'enterrer avant d'opérer le semis.

M. Trochu, à Belle-Isle, marne et ajoute 45,000 kilog. de fumier, après quoi il fait un froment la première année; des pommes de terre ou des rutabagas la seconde année avec 18,000 kilog. de fumier; avoine avec fumure la troisième année; enfin, ray-grass d'Italie fumé la quatrième année, ou seigle vert.

M. Lecouteux, à Cercay, fait des céréales d'hiver, avec 300 kilog. de guano ou 5 hectolitres de noir animal azoté, ou 500 kilog. de phosphate minéral. Après les céréales, fumure verte enfouie; ensuite ray-grass sur l'avoine, ou pommes de terre, ou topinambour. Le ray-grass semé en septembre est bon à faucher le 1er mai.

Cet assolement a été pratiqué sur 200 hectares avec une dépense de 6,000 fr. de noir animal, ou 3,000 fr. de phosphate minéral.

M. Moll, en Poitou, sur des terres argileuses, sème le blé en octobre avec 4 hectolitres de noir; vient ensuite un colza avec 3 hectolitres de noir; la troisième année avoine ou vesces en vert avec 2 hectolitres de noir ; la quatrième année enfin, pâture graminée sur un seul labour, avec 1 hectolitre de noir.

Lorsqu'on veut reboiser des landes avec le moins de frais possible, on écobue d'abord, et après un labour on sème un seigle auquel on ajoute 20 kilog. de semences de pin (le kilog. vaut 60 centimes). Le tout coûte 200 fr. Et 20 hectolitres de seigle, en outre de la paille, produisent 200 à 220 fr.

Il ressort de tout cela que les frais de défrichement peuvent et doivent être largement payés dès la première année, surtout si on a fait usage de quelque engrais.

Betteraves

DISETTE CHAMPÊTRE. — Celle-ci est la plus rustique et la plus avantageuse pour les bestiaux, à cause de la quantité.

La BETTERAVE BLANCHE DE SILÉSIE, la JAUNE PALE A CHAIR BLANCHE, la GLOBE JAUNE, la GLOBE ROUGE, la BETTERAVE A COLLET ROSE. — Ces cinq variétés sont cultivées pour le sucre qu'elles contiennent à raison de 12 p. 100, ou pour l'alcool à raison de 4 p. 100. Ce sont donc celles qui conviendront aux cultivateurs possédant une distillerie. Du reste, le rendement de ces cinq variétés est moindre que celui de la Disette, il y a une différence dans le poids qui varie d'un tiers à la moitié en moins.

La manière de les cultiver toutes est d'ailleurs la même.

Quant à la Disette champêtre, il n'est pas avantageux de la cultiver pour la distillerie, puisqu'elle ne rend que 2 p. 100 d'alcool absolu.

Sol. — La betterave veut un sol perméable au moins à 50 centimètres de profondeur. Elle vient dans tous les terrains, mais elle préfère un sol léger, profond et calcaire. Deux labours sont nécessaires : le premier avant l'hiver, à une profondeur de 40 centimètres.

Engrais.— La betterave aime surtout les cendres, le noir ou le phosphate, et le fumier, pourvu qu'il ait été enfoui un an auparavant, ou au moins six mois, c'est-à-dire avant l'hiver. Toutefois, ceux qui cultivent pour la distillerie doivent éviter les engrais salins. Il faut compter de 30 à 40,000 kil. de fumier.

Semis.—La betterave se sème sur place, à demeure ou en pépinière, de mars à avril, lorsque les gelées blanches ne sont plus à craindre ; le dernier mode est le plus avantageux et le plus usité. On fait macérer les graines quatre ou cinq jours dans du purin, et on les saupoudre ensuite avec du plâtre ou des cendres, ou de la chaux pulvérisée, dans le moment où on sème. La quantité de graines à semer en pépinière pour un hectare est de 8 kil. avec leur enveloppe ou de 5 kil. sans leur bourre.

Dans les grandes exploitations, on se sert du semoir à cheval, qui permet d'ensemencer 3 hectares par jour. On roule ensuite.

Le premier binage ou sarclage se fait lorsque les feuilles ont atteint 4 centimètres de hauteur; le second a lieu trois semaines ou un mois après.

Si on a semé à demeure, on éclaircit les plants dans la première quinzaine de juin, et dans ce cas on sarcle avec la houe à cheval, pourvu toutefois qu'on ait semé en lignes espacées de 70 à 75 centimètres.

Repiquage. — Lorsque la plante a 16 à 18 centimètres de diamètre, vers le milieu ou la fin de mai, par un temps humide et sombre, on l'arrache; on coupe la feuille à 10 centimètres au-dessus du collet, et même l'extrémité de la racine si elle est trop longue; on trempe la racine dans de la bouse de vache délayée dans de l'eau, et dans laquelle on a mélangé soit du noir, soit du phosphate, soit des cendres; et immédiatement on repique à la charrue et mieux au plantoir, en ayant soin de *refouler la terre contre la racine*. On espace les plants les uns des autres, à 30 ou 40 centimètres.

Un homme de peine peut arracher et repiquer 2,000 plants dans sa journée.

S'il ne pleut pas après cette opération, il faut irriguer au moyen d'un tonneau, surtout avec du *purin*, et ne pas craindre de recommencer plus tard si la sécheresse se faisait trop sentir.

RÉCOLTE. — On récolte de septembre à décembre, selon les terres ; plus tôt dans les sols humides et argileux, plus tard dans les terrains légers. On choisit de préférence un temps sec.

Après les avoir laissées quelque temps exposées à l'air, on les décollète, et on donne les feuilles et le collet aux bestiaux.

Toutefois, les feuilles sont purgatives et ne conviennent qu'aux vaches.

Il faut compter dix à douze journées d'homme pour arracher, décolleter, nettoyer, charger et décharger dans une cave ou une grange, le produit d'un hectare. La cave ne doit être ni sèche ni humide, on doit pouvoir l'aérer, comme aussi la fermer hermétiquement quand il gèle. Les betteraves peuvent être entassées les unes sur les autres à 3 mètres de hauteur.

SILOS. — En Flandre et en Angleterre, les betteraves sont conservées entassées dans des fosses ayant 1 mètre de profondeur, sur 1 mètre 50 centimètres de largeur et 20 à 100 mètres de longueur. Une rigole de la largeur d'un fer de bêche est creusée au fond et sur les côtés, en forme de cheminée, pour servir de ventilateur.

On bouche l'orifice avec de la paille, dès qu'il gèle. Quant aux betteraves, elles sont recouvertes de

30 centimètres de terre, et on fait un talus pour que l'eau ne puisse y séjourner.

PORTE-GRAINE. — On choisit des racines n'ayant qu'un seul pivot; elles doivent être de grosseur moyenne, intactes, tombant au fond de l'eau, et pas plus fortes au collet qu'aux autres parties; on enlève les feuilles sans toucher au collet, et on les plante en cave dans du sable sec, en laissant la tête en dehors. En mars ou avril, on les repique en les empotant au midi, et on leur place des échalas pour tuteurs. A la fin de septembre, les fruits deviennent jaunes foncés ou bruns; on les arrache et on les laisse sécher. La semence est bonne pendant cinq ans. Chaque racine peut donner 250 grammes de graines.

RENDEMENT. — Les variétés sucrières donnent de 20 à 60,000 kil. à l'hectare; chaque racine pèse en moyenne 1 kil. Celles qui pèseraient davantage ne donneraient pas pour cela plus de sucre.

Quant à la DISETTE, le rendement varie de 40,000 kil. à 100,000 kil. à l'hectare dans les bonnes conditions; mais la somme moyenne est de 60,000 kil., plus le quart de ce chiffre en feuilles.

Toutefois, on a vu des rendements de 150 à 200,000 kil., et même on parle d'un hectare ayant produit 350,000 kil. Voici comment on l'avait obtenu : dès le 15 janvier, on avait semé en pépinière sous châssis, et on avait repiqué au 15 avril; de plus, on avait arrosé plusieurs fois avec du purin,

Conclusion. — Avec 50,000 kil. de betteraves seulement, on peut entretenir pendant six mois 11 VACHES LAITIÈRES, en leur donnant par jour à chacune 25 kil. de betterave hachée ou broyée, avec addition de 5 kil. de paille et 5 kil. de foin également hachés, le tout mêlé ensemble. Autrement, la betterave serait trop débilitante. En hachant la paille et le foin, on arrive à faire une économie d'un tiers.

Au lieu de 11 vaches vous pouvez tenir à l'engrais pendant six mois 7 bœufs de forte taille, à raison de 40 kil. par jour chacun, et toujours avec une addition de paille et de foin hachés.

Enfin, vous pouvez entretenir 140 moutons à raison de 2 kil. par jour, ou en engraisser 79 à raison de 3 kil. et demi.

Cependant je dois faire observer qu'avec la betterave l'engrais du mouton est assez difficile, et qu'il faut presque toujours y ajouter des graines ou des farines si l'on veut pouvoir le vendre au bout de trois mois. La betterave convient mieux à la race bovine.

Je traiterai des pulpes ou résidus de distillerie dans un chapitre à part.

Autre mode de cultiver la betterave à sucre

La méthode suivante est préconisée par M. Champonnois, inventeur d'un système d'alcoolisation fort avantageux à l'agriculture. L'expérience de **M. Champonnois** ne saurait être mise en doute, car il a monté des distilleries pour plus de 400 cultivateurs.

PRÉPARATION. — On dispose la terre en billons dès avant l'hiver, en plaçant le fumier au centre de chaque billon, ce qui permet au sol de s'ameublir par les gelées, et aux billons de se tasser bien **avant** l'époque des semailles. Au printemps, **la charrue à** deux versoirs les referme à la hauteur qu'ils doivent conserver. Plus le sommet en sera élevé, et **mieux la** terre sera assainie et pénétrée par l'air, et échauffée par les premières chaleurs, ce qui permettra des semailles plus hâtives, prolongera la végétation de la betterave, et augmentera sa richesse saccharine.

L'écartement des lignes sera de 80 centimètres à 1 mètre, et la distance entre chaque plant **de 12 à** 14 centimètres seulement; on ne doit pas désirer de betteraves pesant plus de 7 à 800 grammes. **Dans ce** cas, la quantité vient compenser le poids.

SEMIS. — Les semis auront lieu soit au semoir, soit à la main, à demeure ou non.

Les semis à la main exigeront 4 à 5 journées de femmes, et 3 kil. de graine au plus. Une seule graine, si elle est bonne, peut donner de 3 à 5 plants. La graine est recouverte de 1 ou 2 centimètres de terre, et on appuie le pied dessus pour opérer le TASSEMENT, *qui est une condition de réussite.* Il sera bon de faire précéder le semis d'un coup de rouleau pour écraser les arêtes des billons.

Ce semis à demeure n'empêche pas d'avoir en réserve une pépinière pour remplacer les plants qui n'auraient pas levé.

Les semis par le semoir exigeront 12 à 15 kil. de graines, les roues du semoir seront remplacées par des rouleaux à gorge, afin d'arrondir l'arête du billon.

M. Champonnois conseille ensuite de fréquents sarclages afin d'entretenir l'ameublissement du sol, et de buter légèrement la betterave au moyen de la charrue à deux versoirs, en ayant soin d'augmenter graduellement la profondeur entre les billons. Il recommande les engrais liquides et pulvérulents.

M. Champonnois affirme que par ce procédé on peut obtenir de 60 à 75,000 kil. de betteraves à l'hectare.

Ce chiffre est considérable pour les variétés sucrières.

Carottes

Il y a plusieurs variétés de carottes également avantageuses. Toutefois, LA BLANCHE A COLLET VERT est plus productive, moins exigeante et plus faite pour la grande culture. Elle contient 3 pour 100 d'alcool à 90°.

Elle redoute moins le froid que la betterave.

Sol. — La carotte veut un terrain meuble, riche, profond et bien nettoyé ; elle réussit surtout dans un sol léger, ou de consistance moyenne.

Façons. — La préparation est la même que pour la betterave. La carotte aime les fumiers vieux, bien décomposés, par conséquent placés en terre au moins à l'automne. Elle réussit également bien avec les engrais pulvérulents tels que la poudrette et le noir animal. On fume à raison de 30 à 40,000 kil. à l'hectare. On laboure à plat ou en ados, selon la profondeur de terre végétale. On en fait une culture principale ou une culture dérobée.

Semis. — Comme culture principale, on sème à la volée ou, et mieux, en lignes au moyen du semoir à brouette ou du semoir à cheval. Dans le premier cas, il faut 5 kil. de graines par hectare ; 3 kil. suffisent avec un semoir. Comme la graine est recouverte d'aspérités qui en rendent le semis difficile, il suffira pour les faire disparaître de chauffer les graines légèrement au four, et de les frotter ensuite fortement entre les mains.

On sème depuis la fin de février jusqu'au milieu d'avril ; on herse légèrement ensuite, et on roule même si le sol est léger.

Les lignes doivent être espacées de 40 à 50 centimètres.

Dès que les feuilles commencent à paraître, vous binez à la main avec beaucoup de soin, vous faites un ou deux autres sarclages avec la houe à cheval à un mois d'intervalle.

En juillet, vous éclaircissez les plants de manière à ne laisser entre chacun qu'une distance de 15 centimètres.

Culture dérobée. — Vous semez à la volée sur une céréale d'hiver ou un colza, vous hersez et roulez ensuite. Vous hersez de nouveau énergiquement aussitôt après la récolte du blé ou du colza ; dans ce cas, la moyenne est environ de 25,000 kil. à l'hectare.

Récolte. — La récolte a lieu d'octobre à novembre par un temps beau et sec ; vous les laissez quelques heures exposées au soleil après le décolletage, et vous les rentrez dans une cave, une grange ou un silos. Dans les pays où il gèle peu, on laisse les carottes passer en terre une partie de l'hiver.

Le rendement varie de 20 à 50,000 kil. ; mais on doit considérer le chiffre de 40,000 kil. comme une très-bonne moyenne, plus 12,000 kil. environ de feuilles fort recherchées de tous les animaux de ferme.

Porte-graine. — Vous agissez pour les porte-graine de la même manière que pour la betterave. Il faut compter 50 à 60 pieds pour la récolte de 5 kil. de graines nécessaire à un hectare.

Conclusion. — Le carotte est plus nutritive que la

betterave ; elle est excessivement favorable à l'entretien et à la santé de tous les bestiaux.

Le seul inconvénient qu'on puisse lui reprocher est d'être une culture un peu dispendieuse.

A raison donc de 20 kil. par jour, vous pouvez entretenir pendant six mois 11 VACHES ou 111 MOUTONS à raison de 2 kil. par jour ; ou tenir à l'engrais 72 moutons que vous pourrez renouveler une fois ou deux pendant six mois.

Les carottes se donnent cuites aux porcs et aux volailles.

Panais

Le panais est au moins aussi nutritif que la carotte, et d'un rendement à la fois plus considérable et plus certain. On le cultive surtout dans l'Ouest, sur les côtes de France, et on en fait une consommation considérable aux environs de Saint-Pol-de-Léon. Le panais contient 3 pour 100 d'alcool.

Il exige beaucoup de fumier, environ 50,000 kil., et aime de préférence les nitrates et sulfates de soude à la dose de 4 à 500 kil.

SOL, CLIMAT. — Le panais demande un climat doux, tempéré, humide, et avant tout un sol calcaire.

FAÇONS. — Absolument les mêmes que pour la

carotte; également même quantité de graines à l'hectare, semées à la volée ou mieux en lignes.

Les éclaircies des plants ont lieu dans le courant de juin, et les porte-graine sont traités de même que pour la carotte; la récolte a lieu à la même époque et est conservée de la même manière.

RENDEMENT. — Le panais, dans les terres qui lui conviennent, donne de 30 à 90,000 kil. à l'hectare, soit une moyenne de 60,000 kil., plus 15 à 18,000 kil. de feuilles, meilleures que celles de la carotte.

CONCLUSION. — On peut donc entretenir *un tiers de plus d'animaux* qu'avec la carotte.

Pomme de terre

La pomme de terre vient partout. Autrefois, elle donnait des produits abondants; mais depuis la maladie les récoltes sont devenues de moitié inférieures. On a abandonné presque partout les variétés tardives semées avant l'hiver, et choisi de préférence les variétés de printemps, dites hâtives. Ces dernières échappent assez facilement à la maladie, il est vrai, mais leur rendement n'est jamais très-élevé en comparaison des variétés tardives.

La culture de la pomme de terre est assez dispendieuse si on a exclusivement en vue l'entretien ou l'engrais des bestiaux, mais il en est autrement si on doit la faire consommer à la cuisine, ou même en extraire l'alcool.

CLIMAT, SOL. — La pomme de terre craint les terrains trop humides et les sécheresses prolongées; elle demande une terre profonde, très-perméable, meuble, nettoyée et surtout légère. Sa bonne qualité est en raison de la légèreté du sol.

FAÇONS. — Les mêmes que pour la betterave. Elle aime une fumure abondante et surtout en couverture sur le tubercule lui-même, 30 à 40,000 kil. Les cendres lui réussissent particulièrement, et 200 kil. de nitrate de soude et de potasse pulvérisés produisent *des effets prodigieux*. On a obtenu par ce dernier moyen 50 à 70,000 kil. de tubercules à l'hectare.

SEMIS. — Il est essentiel de choisir des tubercules sains, sans germes, gros, récoltés avant leur maturité complète. On conseille pour éviter la maladie de placer à chaque plant un peu de poussière de charbon de bois, ou encore 500 grammes d'acide sulfurique étendu de 100 litres d'eau, dans laquelle on laisse macérer 2 heures les tubercules qu'on roule ensuite dans de la chaux vive en poudre.

On sème du 15 avril au 15 mai, à une profondeur de 10 à 15 centimètres soit à la charrue sur billons ou ados, soit à la bêche en espaçant chaque tubercule de 30 centimètres et chaque ligne de 60 centimètres; on sème souvent sur labour à plat, quand la terre végétale est abondante. Il faut pour un hectare de 20 à 35 hectolitres de pommes de terre, selon leur grosseur.

On pratique un hersage énergique dès que les jeunes pousses commencent à se montrer, et on bine trois semaines après, soit à la main, soit à la houe à cheval; on renouvelle ce binage une fois ou deux, selon l'état du sol.

On irrigue s'il fait trop sec. La pomme de terre donne une abondante récolte au moyen de 100 hectolitres de purin.

On doit buter dans les terrains secs et légers.

Il y a avantage à enlever les fleurs ou à les pincer.

Récolte. — La récolte a lieu d'août en septembre, soit à la charrue, soit à la houe, par un temps sec. On les laisse plusieurs jours à l'air si le temps le permet; sinon on les fait sécher sous un hangar, pour les rentrer ensuite en cave, en grange ou en silos, et les tenir à l'abri de la gelée, de la chaleur, de l'humidité et de la lumière.

C'est un excellent moyen que de les recouvrir de sable fort sec et de poudre de charbon. On doit les visiter souvent, pour les empêcher de germer; la maladie n'est peut-être due uniquement qu'à la mauvaise qualité des tubercules *déjà germés*, lorsqu'on les sème.

Rendement. — Le produit varie de 10,000 à 60,000 kil. à l'hectare ; le chiffre de 21,000 kil. est une moyenne fort ordinaire, auquel il faut ajouter 5,000 kil. de fanes vertes. Pour ne pas épuiser le sol, on compte autant de kil. de fumier à lui rendre, que de kil. de tubercules obtenus.

Conclusion. — 21,000 kil. de tubercules nous permettent d'entretenir pendant six mois, à raison de 15 kil. par jour, 8 vaches, ou 80 brebis. La pomme de terre crue donnée en petite quantité est très-favorable aux vaches laitières et aux brebis qui allaitent ; en grande quantité, elle est indigeste.

On la donne cuite à la vapeur aux bœufs, vaches, moutons ou cochons d'engrais.

Citrouille

La citrouille, le potiron ou la courge donnent un produit si considérable qu'on ne s'explique pas pourquoi on ne les cultive pas davantage pour l'entretien des bestiaux.

Sa valeur nutritive est égale à celle de la betterave, et elle contient en outre 6 pour 100 d'alcool absolu.

Un seul hectare a produit à son propriétaire pour 3,000 fr. d'alcool.

Sol. — La citrouille ne réussit bien que dans

les terres perméables, sableuses ou légères, et fraîches.

FAÇONS. — On donne deux ou trois labours, dont le premier à 40 centimètres avant l'hiver.

SEMIS. — On sème du 15 avril au 15 mai dès qu'on n'a plus à redouter les gelées blanches; et il est bon de faire tremper les graines quelques heures dans le purin.

Les semis ont lieu sur labour à plat ou en billons; dans ce dernier cas, le fumier est placé au milieu de l'ados, et la graine appliquée sur le fumier à 30 centimètres de distance, et dans des lignes espacées de 80 à 100 centimètres. On irrigue plus tard si la terre est trop sèche, et on éclaircit les plants de manière à les espacer de 1 mètre 50 centimètres lors du premier binage.

On bine une seconde fois quand la plante a quatre feuilles, et on coupe alors ou on pince la tige principale.

On pince principalement à quelques centimètres au-dessus de chaque fruit, et on a soin de ne pas laisser plus de quatre potirons par plant.

RÉCOLTE. — D'octobre en novembre, et même en décembre, selon qu'on redoute les gelées ou non, on conduit les citrouilles dans une cave, ou une grange, en ayant soin de les recouvrir de paille et de les tenir à l'abri de la gelée.

4.

Rendement. — On obtient facilement de 70 à
130,000 kil. de potirons à l'hectare, au moyen de
40 à 50,000 kil. de fumier.

Conclusion. — Pendant trois mois, de novembre
à janvier, vous pouvez entretenir, à raison de 25 kil.
par jour : 35 vaches ou 444 moutons, à raison de 2 kil.
par jour.

La citrouille augmente particulièrement le lait des
vaches. Toutefois, on doit éviter de donner *les
amandes*, qui donneraient au lait un mauvais goût.

Vous pouvez, en faisant cuire à demi la citrouille,
engraisser 18 boeufs ou 250 moutons, ou 75 cochons.

Et dans ce cas, je ne suppose qu'une moyenne de
80,000 kil. à l'hectare.

Je ne connais pas de culture qui puisse vous
donner de plus beaux résultats, et vous permettre
de faire une plus grande quantité de fumier.

Topinambour

Le topinambour est, à mon avis, le plus précieux
de tous les tubercules, car il est le moins épuisant
et le moins exigeant. Il vient dans tous les sols,
exceptés ceux qui sont inondés. Il se succède à
lui-même pendant plusieurs années consécutives,
jusqu'à 20 et 30 ans, et résiste enfin à un froid de
15 degrés.

Le topinambour est aussi nourrissant que la pomme de terre ; il l'est plus que la betterave, le turneps ou le rutabaga. Il convient à tous les animaux, même et surtout à ceux qui sont à l'engrais. Un mouton est facilement engraissé en six semaines ou deux mois avec 3 kil. par jour ; un bœuf l'est dans le même laps de temps ou en trois mois au plus, avec 30 à 40 kil. par jour ; un porc également avec 15 ou 20 kil. Les chevaux s'entretiennent fort bien avec 12 à 15 kil. par jour. Enfin 16 à 20 kil. sont très-favorables aux vaches et augmentent la sécrétion de leur lait.

Comme distillerie, ce tubercule donne 5 à 6 p. 100 d'alcool à 90 degrés.

Dans les plus mauvaises terres, le topinambour n'a jamais donné moins de 10 à 12,000 kil. à l'hectare ; et sur des terrains d'alluvion M. de Gasparin a obtenu 60,000 kil.

En ayant soin de fumer dans les proportions indiquées pour les racines, on peut facilement obtenir une moyenne de 30,000 kil. à l'hectare. De plus, le topinambour ne craint ni la maladie, ni les altises, ni aucun autre insecte.

Quoique le topinambour vienne dans tous les sols, il préfère cependant ceux qui sont calcaires. Il aime les fumiers courts, et surtout les cendres. A défaut de fumier, il réussit très-bien avec 50 grammes de chiffons de laine hachés et placés au-dessus de chaque tubercule au moment où on le sème ; ainsi 1,000 kil. de chiffons à 60 fr. seraient suffisants pour les 20,000 tubercules que peut contenir un hectare.

On le sème quand on veut, de novembre à la fin d'avril, à raison de 20 à 25 hectolitres par hectare.

Le tubercule ne se conserve bien qu'en terre, et rarement au delà de quinze jours quand il est arraché. S'ils étaient fermes ou ramollis au moment du semis, il suffirait de les faire tremper dans l'eau pendant trente-six heures.

On le place sur le sol comme la pomme de terre, en espaçant chaque tubercule de 50 centimètres l'un de l'autre.

Si les tubercules sont petits, on en place deux ou trois à la fois. Le semis peut s'opérer à la charrue ou à la bêche, ou même au plantoir à une profondeur de 7 à 15 centimètres, selon que la terre est forte ou légère.

Quand les pousses paraissent au printemps, on pratique un vigoureux hersage ; et on arrose au purin si la sécheresse est trop grande.

Les tiges atteignent une hauteur de 2 à 4 mètres, et les feuilles sont très-goûtées des moutons ; mais on ne doit pas les couper, ainsi que les tiges, avant la fin de septembre, et plus bas qu'à 30 centimètres de terre. Les uns les laissent pourrir sur place comme engrais, d'autres donnent les feuilles sèches à manger en fourrage à leurs moutons. Ceux-ci en font du combustible là où le bois est cher, et obtiennent ainsi de 1,000 à 1,500 kil. avec lesquels ils chauffent leurs fours ou leur cuisine. D'autres, enfin, en font de la litière après l'avoir fait écraser.

Récolte. — Les topinambours sont bons à consommer pour les bestiaux du 15 novembre jusqu'au 15 mars. On les extrait de terre au fur et à mesure des besoins, et en tout cas on ne les garde jamais plus de quinze jours en cave.

On reproche au topinambour de ne pas entrer dans un assolement régulier et de repousser comme du chiendent lorsqu'on veut lui faire succéder une autre culture.

La vérité est qu'il vaut mieux sacrifier une ou plusieurs pièces pour cette culture pendant un certain nombre d'années. Quand on veut l'extirper tout à fait du sol, il n'y a qu'à pratiquer un labour en mai et un autre en juin, arracher les tiges et faire à la suite un trèfle, un sainfoin ou une luzerne. Il suffit aussi d'envoyer à cette époque des porcs qui font ce travail admirablement. L'année d'après, il n'y paraîtra plus.

Si on veut obtenir d'abondantes récoltes, il vaut mieux chaque année semer les tubercules de nouveau, ou au moins de deux années l'une.

Conclusion. — Il n'y a pas un seul cultivateur qui, avec 20,000 kil. de fumier, ne puisse obtenir 30,000 kil. de topinambour pouvant entretenir pendant quatre mois d'hiver 12 vaches à raison de 20 kil. par jour, plus 5 kil. de foin et 5 kil. de paille hachés et mélangés ; ou 6 boeufs a l'engrais qui pourront être renouvelés au bout de deux mois.

Vous pouvez entretenir 125 moutons à raison de

2 kil. par jour, plus 250 grammes de foin ; ou tenir à l'engrais, à raison de 3 kil. de racines, 83 MOUTONS que vous pourrez renouveler au bout de six semaines ou deux mois.

Avec 20 kil. par jour, vous pouvez engraisser 12 COCHONS de taille, sans leur donner autre chose.

Je dois toutefois ajouter que les cochons ne sont pas disposés à les manger tout d'abord ; il suffit pour les y habituer de répandre quelques tubercules dans leur loge, après les avoir laissés un jour à la diète. Pour éviter toute indigestion, il est nécessaire de mélanger à chaque portion 1 ou 2 grammes de sel, et 5 à 6 grammes pour les bœufs à l'engrais ; soit en tout 15 à 18 grammes de sel par jour pour les trois repas. Le sel est favorable à l'engraissement.

Les moutons mangent très-volontiers les topinambours, et au bout de quatre à huit jours il est quelquefois urgent de les saigner, soit sous la langue, soit à la queue, soit aux oreilles pour éviter les coups de sang.

Un agronome distingué de la Loire-Inférieure, M. Huilliet, cultive le topinambour depuis 25 ans et en fait le produit principal de son assolement ; il engraisse des moutons et des bœufs avec ce tubercule, et ces animaux sont bons à être livrés à la boucherie au bout de deux mois. Seulement, M. Huilliet fait ajouter dans le dernier mois un demi-litre d'orge (enflée préalablement dans l'eau) pour chaque mouton. M. Huilliet s'est trouvé quelquefois obligé de les saigner à la queue.

Deux bœufs à l'engrais ont été également saignés trois fois en deux mois, à raison de 15 litres par saignée. Les bœufs en question, engraissés au topinambour, ont été vendus chacun 100 fr. plus cher qu'ils n'avaient été achetés.

Cet exemple, que je pourrais faire suivre de beaucoup d'autres, montre tout le parti fructueux à tirer de ce tubercule. M. Huilliet a cultivé également sur quelques mauvaises pièces de terre le topinambour exclusivement pour les tiges, qu'il faisait consommer à ses moutons. Dans ce dernier cas, il n'avait point à compter sur la récolte des tubercules, si surtout les tiges étaient broutées avant les mois d'août et de septembre.

D'après M. Boussingault, les tiges et feuilles vertes remplaceraient parfaitement une récolte de trèfle manquée. C'est ainsi qu'une pièce dans laquelle on fit deux coupes successives de tiges et feuilles vertes donna l'équivalent de 8,000 kil. de foin.

Raves, navets

Les raves, les navets, la RAVE OBLONGUE ROUGE, LE TURNEPS des Anglais, LE NAVET DES SABLONS appartiennent à la même catégorie.

CLIMAT, SOL. — Ils demandent une terre légère, sableuse, schisteuse ou granitique, de consistance moyenne et surtout calcaire. Ils réussissent surtout sous un ciel humide ou brumeux. Ils redoutent avant tout les sécheresses.

Façons. — Ils exigent un labour profond en automne, et un autre au printemps. Ils demandent beaucoup de fumier, 50,000 kil. environ, enfouis six mois d'avance.

Ils aiment les phosphates et superphosphates de chaux, les cendres, la poudrette, le purin à raison de 75 hectolitres.

Les Anglais obtiennent des récoltes énormes au moyen de 300 kil. de guano mélangés à 300 kil. de phosphate fossile ou minéral, ou de 200 kil. de sulfate d'ammoniaque à la place de guano.

Semis. — On sème à la fin de juin, par un temps pluvieux, après avoir fait macérer les graines dans le purin, à raison de 4 kil. par hectare. Les semis en lignes et à l'aide du semoir sont préférables. On herse et on roule le même jour.

Les lignes doivent être espacées de 45 à 50 centimètres.

Il faut irriguer dès que la plante commence à se montrer et biner dès qu'elle a atteint 12 à 15 centimètres de hauteur, soit à la main, soit avec la houe à cheval qui est beaucoup plus économique.

On éclaircit les plants s'il y a lieu, et en septembre on butte avec la charrue à deux versoirs.

Culture intercalaire ou a la dérobée. — Sur une céréale, sur un sarrazin ou sur un colza, vous semez à la volée 3 kil. de graines; ou bien quand le blé est coupé, vous semez la même quantité sur un léger labour, vous hersez énergiquement dès que la plante se montre, et vous obtenez ainsi 15 à 25,000 kil. de tubercules.

Récolte. — On arrache les navets en novembre par un beau temps, et on les place en cave ou en grange par monceaux recouverts de paillassons, si l'on redoute la gelée.

Porte-graine. — On agit absolument de même que pour la betterave.

Rendement. — Les Anglais obtiennent de 70 à 100,000 kil.; mais en France, en basse Bretagne et dans une partie de l'Ouest, on peut obtenir de 40 à 60,000 kil., soit 50,000 kil. en moyenne, plus un tiers en outre de feuilles excellentes pour les animaux.

Conclusion. — Le navet contient 9 p. 100 de sucre, il est un peu moins nutritif que la carotte et la betterave; toutefois à raison de 30 kil. par jour, vous pouvez entretenir 9 **vaches** pendant six mois, ou 100 **moutons**.

Rutabaga

Le rutabaga ou navet de Suède ressemble assez à la racine qui précède ; mais avec cette différence qu'il est plus nutritif que la betterave, et qu'il est de plus très-favorable à l'engrais des bestiaux, sans être aussi exigeant pour le fumier.

CLIMAT, SOL. — Le rutabaga veut une terre argilo-sableuse ou argilo-calcaire et de consistance moyenne. Il réussit mieux sous un ciel humide et brumeux.

SEMIS. — On sème en pépinière à raison de 600 grammes de graines sur un labour aussi profond que possible, de la fin de février à la fin de mars.

REPIQUAGE. — On transplante les racines du 15 mai à la fin de juin par un temps pluvieux, en raccourcissant la racine et la feuille, et en prenant les mêmes précautions que pour la betterave. 3,000 kil. de fumier sont suffisants. A défaut de fumier, il faudra, au moment de la transplantation, mettre à chaque racine une pincée de noir ou de poudre d'os, ou de phosphate minéral. Vous donnez un mois après un binage à la main ou à la houe à cheval ; vous en recommencez un autre un mois après s'il y a lieu, et en septembre vous butez avec la charrue à deux versoirs.

Les plants auront été espacés de 30 centimètres, et les lignes de 50 centimètres. Les engrais liquides sont très-favorables.

RÉCOLTE. — La récolte se fait à la fin de novembre ou en décembre ; toutefois, le rutabaga grossit jusqu'à la fin de janvier. Dans l'Ouest, où les gelées ne sont pas fortes, on le laisse en terre pour l'arracher au fur et à mesure des besoins. Là où on redoute de fortes gelées, on l'enlève pour le placer en silos, et autant que possible par un beau temps.

RENDEMENT. — Le rutabaga donne de 40 à 80,000 kil. de racines ; et le chiffre de 50,000 kil. ne présente qu'une moyenne peu élevée, plus 16,000 kil. de feuilles fort goûtées des bestiaux.

PORTE-GRAINE. — On agit avec eux comme pour la betterave.

CONCLUSION. — Avec 50,000 kil. de rutabagas, vous pouvez entretenir, à raison de 20 kil. par jour, 13 VACHES OU 135 MOUTONS ; ou engraisser 8 BOEUFS OU 79 MOUTONS que vous pouvez renouveler deux fois.

Les cochons recherchent tout particulièrement le rutabaga.

Beaucoup de cultivateurs font parquer leurs moutons sur les champs de rutabagas, et après eux ils y envoient leurs porcs, qui trouvent encore abondamment de quoi vivre et s'engraisser.

Cependant cette méthode ne me paraît pas favorable à l'engraissement, car les animaux soumis à ce régime doivent éviter le froid avant tout, et pour cela ne pas sortir de leurs étables.

Choux

Toutes les variétés se cultivent de même, et donnent d'abondants fourrages.

LE CHOU CAVALIER. — Est plus rustique que tous les autres, mais un peu moins productif; il a l'avantage de mieux résister aux froids. Sa taille atteint environ 2 mètres de hauteur.

LE BRANCHU DE POITIERS. — Très-productif, atteint la hauteur de 1 mètre et demi.

LE CHOU DE CHOLLET OU DE LANILIS. — Est aussi très-avantageux et atteint 1 mètre 75 centimètres de hauteur, mais il est très-sensible aux gelées, on le cultive peu pour l'hiver; ses feuilles doivent être toutes arrachées à la fin de novembre.

CLIMAT, SOL. — Les choux demandent un climat humide, un ciel brumeux et une terre argilo-sableuse ou argilo-calcaire, de consistance moyenne.

FAÇONS. — On prépare le sol comme pour la betterave; les choux exigent plus de fumier que cette dernière; il faut compter 50,000 kil. de fumier pour obtenir une très-forte récolte. Les choux aiment aussi beaucoup les cendres lessivées.

On sème les choux en pépinière sur un labour de 40 centimètres de profondeur, vers la fin de février, pour les repiquer en mai ou juillet, afin de les faire consommer l'hiver suivant.

On sème également en pépinière de juillet en août, pour repiquer en novembre et faire consommer l'été suivant.

On repique à 20 ou 25 centimètres de profondeur, en espaçant chaque pied à 60 ou 75 centimètres.

On coupe l'extrémité de la racine si elle est trop longue, et si on ne veut pas la tremper dans de la bouse de vache, on mettra une pincée de noir à chaque plant. On arrosera à raison de 100 hectolitres si le sol est trop sec. 600 grammes de graines semées en pépinière suffisent pour un hectare. Il est bon de biner et de buter les choux.

RÉCOLTE. — Un homme peut recueillir 50 kil. de feuilles par heure. On arrache seulement une ou deux des feuilles les plus rapprochées de terre, et on passe d'un pied à l'autre.

Au printemps, de nouvelles feuilles repoussent; en les comptant ainsi que celles arrachées l'hiver, et en y comprenant les tiges, on arrive à une récolte de 60 à 120,000 kil., soit en moyenne 80,000 kil. à l'hectare, pour 18 à 20,000 pieds. Les tiges hachées sont fort bien mangées par le gros bétail.

CONCLUSION.—80,000 kil. de choux nous permettent d'entretenir pendant six mois d'hiver 11 VACHES LAI-TIÈRES à raison de 40 kil. chacune par jour; ou 7 BŒUFS D'ENGRAIS; ou 74 MOUTONS à raison de 6 kil. par jour pour chacun.

Comme les choux peuvent météoriser les bestiaux, on aura soin de ne leur donner que de petites quantités à la fois; en d'autres termes, on fera deux distributions au lieu d'une, pour un seul repas.

Des racines en général

Les racines sont une nourriture précieuse pour le bétail pendant l'hiver; elles suppléent à la moitié ou aux deux tiers du foin, lequel est toujours assez cher et est rarement payé sa valeur par les animaux.

Elles aident surtout à la multiplication du fumier. Les racines entretiennent les animaux en bonne santé; le foin seul serait une nourriture trop sèche et trop échauffante pour les vaches qui ne donneraient certainement pas autant de lait. On a remarqué que les bestiaux nourris avec des racines étaient plus frais, plus dispos, et avaient surtout le poil lisse et brillant.

Plusieurs cultivateurs saupoudrent leurs racines

avec du son ou des balles de blé. D'autres se contentent de leur mélanger le foin et la paille hachée.

Mais il est surtout essentiel de couper ces racines, soit à la main dans les très-petites exploitations, soit au coupe-racine dans celles plus importantes. On doit éviter de donner des morceaux trop gros; ils doivent être coupés plus gros pour les bœufs et vaches que pour les moutons. Dans les fermes un peu considérables, le coupe-racine est mû soit par une machine à vapeur, soit par un cheval au moyen d'un manége.

FOURRAGES HATIFS

Seigle, avoine, orge

Ces céréales constituent un excellent fourrage vert pour les bestiaux, et il est étonnant qu'il y ait tant de cultivateurs qui ne songent point à cette précieuse ressource.

LE SEIGLE vient partout, même dans les plus mauvais sols. Toutefois il préfère les terrains légers et calcaires; si c'est la céréale du pauvre, ce devrait être aussi le fourrage vert de ses bestiaux.

SEMIS. — Le seigle se sème de septembre en octobre par un temps sec, à raison de 2 hectolitres, la semence doit être peu recouverte. Fauché au printemps avant que les épis ne paraissent, il peut donner une seconde coupe plus tard. Un seigle semé en septembre fut coupé vert en décembre, et donna une seconde coupe au printemps. Le seigle aime les engrais liquides.

Le seigle, dit de la Saint-Jean, se sème fin de juin et est bon à faucher en septembre.

Le rendement en vert varie de 10 à 40,000 kil.; mais 20,000 kil. sont une moyenne facile à obtenir; M. Fievet, dans le Nord, obtient 44,000 kil. chaque année.

L'AVOINE se sème à raison de 2 hectolitres en septembre pour être fauchée en mai; on sème à raison de 250 litres de février à avril, pour être coupée en juin ou juillet.

Le rendement en vert varie de 15 à 25,000 kil. L'avoine préfère les terrains meubles et calcaires, et s'accommode surtout des engrais alcalins. La quantité de semence à employer doit être plus grande dans les sols légers et peu fertiles.

Elle réussit surtout après des défrichements.

L'ORGE CÉLESTE se sème en septembre, à raison de 250 litres, pour être fauchée en mai avant que ses épis n'apparaissent. Elle réussira surtout si la terre est meuble, chaude et fumée.

Le rendement en vert varie de 8,000 à 20,000 kil.

Observations. — Il faut faire faner pendant quelques heures les fourrages verts provenant du seigle, de l'avoine ou de l'orge, afin de ne pas risquer de météoriser les bestiaux.

Trèfle incarnat

Le trèfle incarnat ou farouche vient dans toute terre perméable, plutôt compacte que légère, et convient surtout aux sols argileux.

Semis. — Semé d'août à septembre à raison de 80 kil. de graines en bourre, ou de 25 kil. de graines mondées, il donne dès le commencement du printemps un fourrage abondant. On pratique un léger hersage et on roule.

Il aime les engrais tels que la poudrette, le guano et le plâtre. Au lieu de plâtre, on peut irriguer à raison de 60 hectolitres d'eau dans laquelle on aura versé 12 litres d'acide sulfurique.

On ne l'emploie qu'à l'état vert, et on le coupe au moment où il est en fleurs.

Le poids du fourrage vert varie de 20 à 30,000 kil.

L'incarnat tardif se sème à la même époque et se coupe quinze jours plus tard.

Cultivé pour sa graine, il donne environ 45 hectolitres de graine non mondée; et dans ce cas, sa paille ne peut être bonne qu'à faire de la litière.

5.

On peut semer en même temps que le trèfle incarnat, du ray-grass d'Italie, de la vesce d'hiver ou de l'avoine d'hiver, et on obtient ainsi un fourrage à la fois riche et varié.

Pois gris

Les pois gris ou BISAILLE ont deux variétés : l'une d'hiver et l'autre de printemps ; il y a même une variété de printemps tardive et une autre hâtive.

La BISAILLE D'HIVER vient dans toute terre un peu calcaire ou chaulée, pourvu qu'elle soit aussi un peu fraîche. On sème en octobre à raison de 2 hectolitres à la volée, qu'on recouvre à l'aide d'un léger labour, pour faucher à la fin d'avril ou dans le courant de mai.

La BISAILLE DE PRINTEMPS se sème à raison de 250 litres, depuis la fin de février jusqu'en juillet, et est bonne à couper trois mois après. Elle aime le plâtre comme toutes les légumineuses et demande à être hersée dès qu'elle commence à paraître.

La bisaille d'hiver ou de printemps donne de 20 à 25,000 kil. de fourrages verts.

Récoltée pour ses graines, elle donne 20 à 24 hectolitres de pois. Ces pois, concassés ou réduits en farine, accélèrent l'engrais des bestiaux.

Je dois dire cependant que ce fourrage revient
plus cher que les autres.

Vesces

Il y a deux espèces de vesces : celle d'hiver ou
jarosse, et celle de printemps.

La VESCE D'HIVER demande un sol léger, calcaire
ou de consistance moyenne. On sème à raison de
2 hectolitres en octobre, et on enterre par un très-
léger labour.

RÉCOLTE.— On fauche quand la vesce est en fleurs,
dans le courant de mai.

La VESCE DE PRINTEMPS s'accommode mieux des
terres fortes, argileuses et compactes, et exige une
petite fumure. Elle se sème de mars en juillet à raison de 3 hectolitres enfouis par un léger labour,
pour être fauchée deux mois et demi plus tard.

La vesce d'hiver ou de printemps donne en vert
de 10 à 20,000 kil. Comme elle contient peu d'eau,
ces chiffres sont équivalents à 4,000 ou 8,000 kil. de
foin.

Donnée en sec, elle convient à tous les animaux,
excepté aux vaches. En vert, elle engraisse les bestiaux très-promptement ; mais on ne doit leur en

donner que peu à la fois, car elle peut les météoriser.

L'emploi du sel pour les bestiaux prévient la météorisation.

La vesce, récoltée pour sa graine, donne de 15 à
30 hectolitres.

Féverolles

La féverolle, aussi appelée gourgane ou fève de
cheval, constitue un fourrage vert abondant et des
plus nutritifs. Il y a deux variétés, l'une d'hiver et
l'autre de printemps.

SoL. — La féverolle réussit partout, excepté dans
les terres légères et non calcaires. Elle a donc besoin
d'un sol chaulé là où le calcaire manque.

La FÉVEROLLE D'HIVER se sème d'octobre à novembre, à raison de 2 hectolitres, et on recouvre à l'aide
d'un léger labour.

La FÉVEROLLE DE PRINTEMPS se sème de février à
avril, à raison de 250 litres recouverts de même que
celle d'hiver.

Le labour qui précède le semis doit être profond
de 25 centimètres. Les féverolles aiment les engrais
pulvérulents, tels que les cendres, le noir ou la poudrette.

Récolte. — On obtient, en mai pour la féverolle d'hiver, et de juillet à septembre pour celle de printemps, un rendement qui varie de 25 à 40,000 kil. de fourrages verts.

Récoltées pour la graine seulement, on obtient des farines très-riches qui accélèrent l'engrais complet des bestiaux.

Maïs quarantain

Le **maïs quarantain** est le plus précoce de tous les maïs, par conséquent le meilleur à cultiver comme fourrage vert. Il est, de plus, fort nutritif, car 3 kil. de vert sont équivalents à 1 kil. de foin.

Sol. — Le maïs réussit dans toute terre à blé, profonde, meuble et calcaire, pourvu aussi qu'elle soit fumée à raison de 20 à 25,000 kil.

Semis. — On sème à la volée, d'avril à août, à raison de 250 à 300 litres à l'hectare ; on recouvre par un léger labour et on herse dès que les jeunes pousses commencent à se montrer.

Ou bien vous semez en lignes espacées de 60 à 75 centimètres, soit à la main, soit au semoir à cheval, et vous binez à la main ou à la houe à cheval dès que se montrent les pousses.

Il est avantageux de tremper pendant vingt-quatre heures les semences dans le purin.

RÉCOLTE. — Vous fauchez soixante-dix à quatre-vingts jours après avoir semé, et avant que les épis ne soient formés.

RENDEMENT. — Le rendement varie de 20 à 55,000 kil. en vert; mais en admettant une moyenne de 30,000 kil. seulement, on a obtenu l'équivalent de 7,500 kil. de foin *en deux ou trois mois*.

Le MAÏS CUZO passe pour plus avantageux encore.

Sarrasin

Le sarrasin, ou blé noir, vient dans toute terre meuble et peu fumée. Les cendres et la poudrette lui sont très-profitables. Il ne redoute que les gelées blanches.

SEMIS. — On peut semer depuis le commencement d'avril jusqu'au 15 août, un hectolitre à la volée, qu'on recouvre avec un coup de herse.

RÉCOLTE. — On le fauche deux ou trois mois après, quand il commence à être en fleurs. On obtient de 10 à 20,000 kil. de fourrages verts, dont il faut donner fort peu à la fois aux bestiaux, car il est sujet à météoriser.

Le SARRASIN DE TARTARIE est une variété plus rustique que le précédent ; il redoute moins la gelée et peut pousser dans les plus mauvais sols.

Le sarrasin allié à d'autres fourrages est préférable ; c'est ainsi qu'il est employé dans la culture, lorsqu'on ne veut pas recueillir ses grains.

Il est surtout employé seul comme *fumier à enfouir en vert* avec la charrue, après l'avoir écrasé avec un rouleau un peu lourd.

Moha de Hongrie

Le moha est une variété de millet, d'autant plus précieuse que 2 kil. en vert égalent 1 kil. sec. D'après M. Bella, 341 kil. de moha donnés aux vaches leur font rendre 100 litres de lait.

Sol. — Le moha demande une terre profonde, légèrement calcaire et de consistance moyenne. Il redoute les gelées et les sécheresses prolongées. Il réussit parfaitement avec des engrais tels que le guano, les phosphates ou la poudrette.

Semis. — On sème depuis la fin d'avril jusqu'à la fin de juillet, à raison de 12 kil. de graines à la volée, que l'on fait suivre d'un léger hersage. On herse également lorsque les pousses se montrent.

Récolte. — Deux mois et demi après le semis, on

fauche en vert et on obtient de 10 à 22,000 kil. de fourrages verts.

Les graines sont fort recherchées de toutes les volailles.

Alpiste

L'alpiste est une autre variété de millet, qui aime les terres légères et sablonneuses. Il se sème de la même manière que le moha, à raison de 20 kil. et aux mêmes époques. Il donne la même quantité de fourrage vert.

Moutarde blanche

La moutarde blanche vient en 50 jours dans toute terre profonde, pourvu qu'elle soit calcaire (ou *chaulée*).

Elle ne redoute pas la gelée et peut être semée même l'automne.

Semis. — On sème depuis la fin de mai jusqu'à la fin d'août, à raison de 12 kil. de graines que l'on enterre par un léger hersage, suivi du rouleau dans les terres qui sont trop légères.

Récolte. — On fauche aussitôt que se montrent

les fleurs. Le rendement est de 15 à 20,000 kil. à l'hectare.

Spergule géante

La spergule géante met tout au plus deux mois à devenir bonne à faucher. Elle redoute les gelées.

SOL. — Elle demande un sol léger, non calcaire, frais (ou *arrosé de temps à autre*).

SEMIS. — Elle se sème de mai à août, à raison de 15 kil. de graines, enfouies par un léger hersage.

RÉCOLTE. — Son rendement varie selon les sols, de 10 à 20,000 kil.

Elle convient particulièrement aux vaches et aux moutons.

Colza

Le colza est un fourrage vert fort nutritif, dont on ne doit donner que peu à la fois aux bestiaux. Il convient surtout aux vaches, dont il augmente sensiblement le lait. Il a de plus le mérite d'être bon à faucher au bout de deux mois, ou deux mois et demi au plus.

SOL. — Toute terre à froment, mais surtout les terres fortes.

SEMIS. — Il se sème soit en automne pour être récolté au printemps, soit de mai à juillet, à raison de 5 kil. enfouis à la herse. On peut le semer sur une céréale.

RÉCOLTE. — Il se fauche dès qu'il est en fleurs et donne de 15 à 25,000 kil. de fourrages verts.

Navette

La navette pousse sur toute terre meuble et un peu calcaire. Elle se sème en septembre ou octobre à raison de 10 kil. pour être fauchée dès le commencement du printemps. Elle se sème également en mai et juin à raison de 15 kil., et même en juillet et août pour enfouir en vert et préparer ainsi un engrais pour le blé d'hiver.

Récapitulation des fourrages hâtifs

Voilà certes une grande variété de fourrages, riches en principes nutritifs. Vous n'avez que l'embarras du choix. Rendez-vous compte de la nature de vos terres, et voyez les espèces qui doivent y mieux réussir.

Fourrages d'hiver. — Vous avez pour semer en automne :

Le seigle, l'avoine, l'orge, le trèfle incarnat, les pois gris d'hiver, la vesce d'hiver, la féverolle d'hiver, le colza, la moutarde blanche et la navette.

Fourrages de printemps. — Vous avez pour semer au printemps et même l'été :

L'avoine, le seigle de la Saint-Jean, les pois gris de printemps, la vesce de printemps, la féverolle de printemps, le maïs quarantain, le sarrasin, le moha, l'alpiste, la moutarde blanche, la spergule géante, le colza et la navette d'été.

Observation importante. — Vous devez facilement obtenir au moins *trois récoltes* par an. Pour cela, la charrue doit suivre la faux, et le semis la charrue. Tous les quinze jours, sinon tous les huit jours, vous devez ensemencer une pièce de terre pour remplacer la première qui a été fauchée ; et ainsi de suite. Si vos terres ont été bien fumées, si vous ne craignez pas d'irriguer quelques fois pendant les sécheresses, surtout avec du purin mélangé avec trois ou quatre fois son volume d'eau, votre réussite est assurée, et un hectare de terre vous aura produit dans l'année de 60,000 à 80,000 kil. de fourrage vert, pouvant nourrir pendant sept mois, à raison de *60 kil. de vert* par jour, 5 ou 6 têtes de gros bétail, ou 71 moutons.

Et si vous vous livrez à l'engrais des bestiaux,

vous aurez pu renouveler une fois ou deux votre bétail.

Calculez maintenant, en outre du bénéfice de l'entretien ou de l'engrais, la quantité de fumier créé par ces trois récoltes !

Mélange des fourrages

Il est bon, il est même beaucoup plus avantageux de semer trois variétés de fourrages ensemble et de choisir pour cela ceux qui ont le moins de ressemblance entre eux. Dans ce cas, l'un protége l'autre.

Celui-ci poussera plus vite d'abord et ombragera celui-là, qui se développe plus lentement et qui craint les ardeurs du soleil ; et au bout de deux ou trois mois, après avoir végété chacun selon leur mode, ils se trouveront à peu près au même point de maturité, et produiront beaucoup plus, réunis ensemble, que s'ils avaient été séparés chacun sur une pièce particulière.

Ainsi la vesce, les féverolles ou les pois gris s'allieront parfaitement avec le seigle ou l'avoine.

Le trèfle incarnat avec l'avoine ou le ray-grass d'Italie.

Le maïs avec le colza et le sarrasin, ou avec le moha et les pois gris.

Le sarrasin avec le colza, la moutarde blanche ou le moha.

Le seigle avec les pois et la moutarde blanche.

On doit alors observer la proportion voulue pour la quantité de graines de chaque espèce. Cette quantité est indiquée à raison de l'hectare ; on ne prendra donc que le tiers ou la moitié de la quantité indiquée, selon qu'on mélangera un ou deux fourrages différents.

Il faut autant que possible ne semer ensemble que lés graines qui ne diffèrent pas de beaucoup par leur volume. L'on sème la veille ou le lendemain les graines qui, comme le maïs par exemple, sont plus fortes et plus lourdes que les autres. Si on agissait autrement, les semis à la volée pourraient se trouver fort inégalement répandus.

On peut obvier à cet inconvénient en répandant le tout ensemble à l'aide du semoir à cheval ou à brouette.

Trèfle, sainfoin, luzerne

Voilà par excellence les fourrages à faire sécher pour la provision d'hiver, si vous n'avez pas de prairies naturelles en quantité suffisante.

A raison de 5 kil. par jour pour chaque tête de gros bétail nourrie de racines, il en faut un minimum de 900 kil. par tête pour six mois. C'est à vous de voir la quantité de terre que vous devez ensemencer pour votre provision. Cette quantité dépendra du chiffre de vos bestiaux.

Tout cultivateur sait faire du trèfle, du sainfoin ou de la luzerne, et il serait à peu près inutile d'entrer dans des détails à cet égard ; cependant je vais **faire** mention de chacune de ces légumineuses.

Ces plantes pivotantes sont tout à la fois épuisantes et améliorantes : épuisantes, si vous ne fumez **pas** copieusement vos terres avant d'opérer vos semis ; et améliorantes par l'immense quantité de racines ou matières végétales qu'elles laissent après elles dans le sous-sol , après leur disparition de la surface.

Elle constituent donc après elles l'équivalent d'une bonne et riche fumure, à la condition de ramener un an ou deux plus tard une partie du sous-sol à la surface par un labour profond avec une charrue sous-sol.

Vous devrez donc mettre autant de 10,000 kil. de fumier que vous aurez d'années à récolter ces fourrages. Ce sera aussi le moyen assuré d'avoir des rendements doubles de ceux que vous avez obtenus jusqu'ici.

TRÈFLE.— Cette plante vient dans toute terre forte et calcaire (*ou chaulée*). Elle réussit parfaitement, surtout à la suite d'une racine. Le trèfle aime les cendres, le plâtre, même les cendres de houille à raison de 25 hectolitres ; il aime encore la chaux vive en poudre, le purin, ou, à la place de plâtre, l'acide sulfurique étendu de cinq cents fois son volume d'eau.

Les semis ont lieu de janvier à mars, par un temps humide ou pluvieux, sur céréales. La quantité de semence varie de 15 à 20 kil. On doit la choisir luisante et lourde. On doit herser énergiquement au printemps et éviter dc faire pâturer le trèfle par les moutons.

On fauche quand le trèfle est en fleurs, et même avant sa floraison, pour que le foin soit moins dur. Le plus grand soin doit être apporté pour le faner, car il peut perdre ses feuilles par une trop grande dessiccation, au point de laisser un cinquième de son poids sur le sol. On doit autant que possible faire des moyettes et le rentrer plus tôt qu'on ne le fait d'habitude. Cette méthode des moyettes est suivie avec succès dans le département du Nord.

Le rendement en foin varie de 4 à 10,000 kil.

La récolte des graines se fait en août sur la seconde pousse. 100 kil. de gousses donnent 30 à 33 kil. de graines nettoyées ; soit en tout par hectare de 300 à 400 kil.

SAINFOIN. — Le sainfoin a l'avantage de venir dans des mauvaises terres, sèches, sableuses, légères, pourvu qu'elles soient perméables et calcaires. Il se trouve très-bien des labours profonds et se sème en mars ou avril sur céréales ou non, à raison de 150 à 170 kil. de graines, qu'on recouvre par un hersage. Les graines de couleur jaune brun ou rougeâtre sont les meilleures, ainsi que celles récoltées six mois ou un an auparavant.

On doit rouler dans les sols très-légers. On herse légèrement chaque année au printemps.

Le sainfoin aime le plâtre. On le fauche en fleurs, et on doit surtout éviter de le faire pâturer par les moutons. Il ne perd pas beaucoup plus que les deux tiers de son poids quand il est fané.

Le rendement en foin varie de 4 à 9,000 kil., et en graines de 15 à 30 hectolitres. Le sainfoin dure de quatre à six ans.

LUZERNE. — Cette légumineuse demande un sol profond, perméable et calcaire; elle ne craint que ceux qui sont trop humides et trop compactes.

On doit labourer à une profondeur de 40 centimètres et ne pas craindre de fumer à raison de 50 à 60,000 kil. pour six ans; encore une fois, c'est le meilleur moyen de l'obtenir au meilleur compte.

Elle se sème en mars ou avril sur céréales ou non, ou sur des fourrages hâtifs, à raison de 20 à 25 kil. que l'on roule seulement. On herse ensuite énergiquement chaque année au printemps et même après chaque coupe.

Elle aime les cendres, la poudrette, le guano et surtout les irrigations au purin après chaque coupe; avec ce système elle donne de 4 à 8 coupes chaque année.

Le rendement varie de 5 à 15,000 kil. de foin.

Les graines se prennent sur la troisième pousse et de préférence la dernière année de la luzernière.

5 kil. de gousses égalent 1 kil. de graine, et le rendement total est de 500 à 1,000 kil.

CUSCUTE. — La cuscute est le plus grand ennemi de la luzerne et du trèfle. On ne saurait prendre trop de précaution pour la séparer des graines. On brûle d'ordinaire les parties des pièces qui en sont altérées ou, après avoir fauché, on répand de l'eau dans laquelle on a fait fondre du sulfate de fer, à raison de 10 p. 100 d'eau. Cette irrigation tue la cuscute. Le sulfate de fer, ou couperose verte, se vend en gros 75 centimes le kil.

AMÉLIORATION DU SOL. — Le TRÈFLE laisse en racines 5,000 kil. environ équivalant à 50 kil. d'azote.

Le SAINFOIN laisse en racines 12,000 kil. équivalant à 160 kil. d'azote.

La LUZERNE laisse jusqu'à 20,000 kil. équivalant à 220 kil. d'azote.

Cette amélioration apportée au sol par les racines n'en oblige pas moins à fumer *fortement* avant les semis de ces fourrages.

Le TRÈFLE ne doit pas revenir sur le même sol plus souvent que tous les cinq ans; autrement cette légumineuse finit par ne plus prospérer, et la culture devient impossible.

Le SAINFOIN ne doit reparaître que tous les neuf ou dix ans.

6

La LUZERNE ne doit revenir elle-même sur le même sol qu'au bout de douze ou quinze ans.

Sorgho

Le sorgho est une des plantes fourragères les plus avantageuses qui existent pour faire consommer en vert; et il est étonnant qu'il ne soit pas cultivé dans un plus grand nombre d'exploitations.

Il y a trois sortes de variétés de sorgho :

LE SORGHO DOURA que l'on cultive en Afrique.

LE SORGHO A BALAIS est cultivé à la fois pour ses grains et ses panicules dont on peut faire de 2 à 4,000 balais. Mais son fourrage vert à le grand inconvénient de météoriser les bestiaux; aussi ne peut-il être conseillé à ce titre. Son rendement en graines est considérable et varie de 30 à 70 hectolitres pesant 44 kil. l'hectolitre.

Ces grains réduits en farine forment un des engrais les plus précieux pour les bestiaux; car donnés en même temps que des betteraves et du foin, à raison de 10 litres par jour, un bœuf devient parfaitement gras au bout de 3 mois. De sorte qu'avec 50 hectolitres de graines on abrégerait de deux à trois mois le temps nécessaire à l'engrais de 5 ou 6 bœufs de taille. On fera facilement son calcul pour les moutons ou les cochons qui dévorent cette farine avec avidité.

La farine de sorgho est surtout échauffante, c'est pourquoi elle s'allie si avantageusement aux racines qui sont toujours une nourriture un peu froide.

Les tiges sont employées comme couvertures de toitures, comme combustible, ou comme litière.

LE SORGHO SUCRÉ est cultivé dans quelques parties du Midi de la France, et surtout en Algérie pour l'alcoolisation.

Mais dans le Centre, dans l'Ouest et l'Est, on le cultive exclusivement pour le fourrage vert qu'il donne en grande abondance.

CLIMAT, SOL. — Le sorgho réussit parfaitement là où vient le maïs, le chanvre et l'orge d'été. Il aime les terres d'alluvion, les sols frais et légers; il demande beaucoup de fumier, et s'accommode très-bien de la poudrette, du guano et du purin.

FAÇONS. — Plusieurs labours sont nécessaires; le premier exécuté avant l'hiver doit être profond. Il ne faut pas craindre d'employer 50,000 kil. de fumier à l'hectare, car quelle que soit la variété, elle serait épuisante pour le sol sans une abondante fumure.

SEMIS. — On sème le sorgho à balai ou le sorgho sucré comme le maïs, à la fin d'avril ou dans les premiers jours de mai, à raison de 10 kil. de semence à la volée, ou de 3 kil. si l'on sème en ligne au moyen du semoir à cheval ou à brouette.

On place plusieurs graines à la fois de 40 en 50

centimètres, et les lignes sont espacées de 60 à 70 centimètres.

On pratique un binage dès que les tiges commencent à paraître.

RÉCOLTE. — La récolte a lieu d'août en octobre, dès que les panicules commencent à se montrer. Les tiges se coupent à la serpe. La récolte du sorgho à balai a lieu au commencement de novembre quand les graines sont dures.

RENDEMENT. — Le sorgho sucré donne à l'hectare de *40,000* à *120,000* kil. de fourrage vert, feuilles et tiges comprises.

Il est nécessaire de se servir du hache-paille pour faire manger les tiges aux bestiaux.

CONCLUSION. — En prenant le chiffre de 60,000 kil. comme une moyenne, on pourra nourrir exclusivement avec ce fourrage pendant trois mois 13 VACHES, à raison de 50 kil. par jour, ou 160 moutons; ou vous pouvez engraisser 10 BOEUFS ou 130 MOUTONS.

Il n'y a aucun danger de météorisation avec le sorgho sucré, surtout si on le laisse deux ou trois heures exposé au soleil; les bestiaux recherchent ce fourrage de préférence à tout autre. Toutefois, ils l'aiment peu lorsqu'on le leur donne sec pendant l'hiver.

M. Huillet, dont j'ai déjà parlé plus haut, engraisse des bœufs en six semaines au moyen de sorgho et de 10 litres d'orge mouillée.

Seulement, il est obligé de les faire saigner une fois.

Lorsqu'on cultive ce fourrage, il est bon de ne pas semer toute sa pièce en même temps, mais seulement ce que les bestiaux pourront consommer en quinze jours; en un mot, échelonner ses semis de quinzaine en quinzaine pendant deux mois.

Le sorgho paraît languir pendant les deux premiers mois de la végétation, mais ensuite il pousse avec une grande vigueur.

Un chimiste distingué, M. Joulie, pharmacien en chef de l'hôpital Saint-Antoine, a fait l'ouvrage le plus complet qui existe sur le sorgho cultivé pour la distillation, et regarde cette plante comme plus riche que la betterave, du moment où elle peut arriver à complète maturité.

Ray-grass

Le ray-grass est un précieux fourrage, fort nutritif sous un petit volume. On en distingue deux variétés :

LE RAY-GRASS D'ANGLETERRE et LE RAY-GRASS D'ITALIE.

Le premier talle beaucoup, et ne donne pas d'abondants produits la première année; le second talle beaucoup moins, mais donne immédiatement de belles récoltes.

Il est bon de les mélanger ensemble, 25 kil. de

graines de l'un et 25 kil. de l'autre, auxquelles on fera bien d'ajouter 10 kil. de graines de trèfle blanc. Ce dernier poussera la troisième année au moment où le ray-grass commencera à diminuer.

CLIMAT, SOL. — Le ray-grass vient sous tous les climats, mais réussit mieux sous un ciel humide et brumeux. Il lui faut des terres fraîches, meubles, légèrement calcaires, et de consistance moyenne. Il ne redoute qu'un sol sec et sableux.

FAÇONS. — Il demande une très-forte fumure, 50,000 kil. environ, ou de la poudrette, ou 300 kil. de guano, ou 7 hectolitres de noir animal ou poudre d'os. Indépendamment de l'une de ces fumures, si on irrigue au purin après chaque coupe, il repousse avec promptitude et une vigueur peu commune.

SEMIS. — On sème de mars à avril, sur une céréale si l'on veut, à raison de 50 kil., et on recouvre à la herse, ou au râteau, après quoi on roule. Au bout de vingt jours le ray-grass d'Italie est levé.

RÉCOLTE. — Le ray-grass donne d'autant plus de fourrages qu'il est coupé et irrigué souvent. C'est ainsi qu'avec le purin il donne de six à huit coupes qui peuvent varier entre 10 et 20,000 kil. en vert. Mais il faut remarquer que si on le fait sécher il ne diminuera que moitié de son poids; cela fait donc un équivalent de 5 à 10,000 kil. de foin. On doit faucher au moment où le ray-grass commence à fleurir.

Le ray‑grass d'Italie donne même quelquefois plus, et est moins exigeant que le ray-grass d'Angleterre sous le rapport de la fraîcheur ou de l'humidité.

Le ray-grass d'Angleterre ou d'Italie qu'on laisse monter à graine donne de 20 à 25 hectolitres, mais la paille en est dure et cassante. Le ray-grass dure selon les sols, de trois à six années.

Conclusion. — Le ray-grass convient à tous les bestiaux, mais par-dessus tout aux moutons. En admettant une moyenne de 15,000 kil. en vert, vous pouvez entretenir pendant neuf mois de l'année 27 moutons par hectare, ou en engraisser 18 que vous renouvellerez trois ou quatre fois.

Le brôme de Schrader

M. Barral a envoyé aux abonnés de son *Journal d'agriculture pratique* quelques graines de ce nouveau fourrage inconnu jusque-là en France (1).

De nombreux essais tentés dans presque tous les départements ont prouvé victorieusement que le savant directeur ne s'était point trompé sur les immenses avantages que l'agriculture est appelée à retirer prochainement de cette précieuse graminée.

J'emprunte donc au *Journal d'agriculture pratique*

(1) M. Goin, éditeur du journal *l'Agriculteur praticien,* en a également adressé à ses abonnés.

les renseignements qui suivent et qui sont le résumé de toutes les expériences faites jusqu'ici par une centaine de cultivateurs émérites.

LE BROME DE SCHRADER est une plante traçante, tallant beaucoup, et donnant facilement de 30 à 40,000 kil. de fourrage vert en trois ou quatre coupes successives. Cette graminée, qui ressemble assez à une céréale, résiste parfaitement aux plus grands froids, aussi bien qu'aux sécheresses prolongées. Sa durée paraît devoir être de quatre ans au moins.

Tous les bestiaux sans exception recherchent ce fourrage avec avidité. Le plus grand avantage du brôme est de pousser jusqu'en décembre, et de donner à cette époque aussi bien qu'en mars une récolte abondante.

Cette plante atteint, selon la fertilité du sol, de 60 centimètres à 1 mètre 40 centimètres de hauteur. Fauchée au commencement d'octobre, elle atteint facilement en décembre la hauteur de 60 centimètres.

CLIMAT ET SOL. — Le brôme pousse vigoureusement dans tous les climats. Il préfère les terrains siliceux ou argilo-siliceux, frais, profonds et bien ameublis.

Il paraît réussir moins bien dans les sols très-calcaires et graveleux.

SEMIS. — Après un labour de 25 à 50 centimètres, on sème à raison de 50 kil. à l'hectare, soit au printemps, soit l'été, soit à l'automne; le brôme a fort bien végété dans toutes ces conditions. Toutefois, pendant l'été, le manque de pluie retarde beaucoup sa végétation; les semailles des mois de mars et avril ont donné les meilleurs résultats. On sème soit à la volée, soit en lignes espacées de 7 à 8 centimètres, car il talle beaucoup après la première coupe; et on fait suivre le semis d'un coup de herse et d'un roulage assez énergique. Les premières pousses se montrent quinze jours après. Deux mois plus tard on peut opérer une première coupe; c'est alors que le brôme talle avec vigueur et étouffe toutes les mauvaises herbes.

GRAINES. — Malheureusement la graine de brôme est assez rare, et jusqu'ici n'a été cultivée qu'en très-minime quantité pour en obtenir la graine; mais les principaux grainetiers de Paris en possèdent déjà, et je ne doute pas que ceux de province ne soient bientôt à même d'en fournir.

1 kil. de graines semées en mars sur une étendue de deux ares peut donner au mois de juillet de 20 à 40 kil. de semences; de sorte qu'en deux ans chacun aura des graines au delà de sa consommation.

On doit recueillir les graines successivement au fur et à mesure qu'elles mûrissent, c'est-à-dire depuis juillet jusqu'en novembre.

On ne saurait donc trop recommander aux cultivateurs l'usage de ce nouveau et précieux fourrage qui doit devenir d'une grande ressource pour l'alimentation des bestiaux, surtout dans les années où la sécheresse fait manquer en partie la récolte du

trèfle. J'ai d'ailleurs été témoin de la luxurieuse végétation du brôme, et l'année dernière par la grande
sécheresse, et également cette année-ci. Je pourrais
citer les noms de cent cultivateurs des plus recom-
mandables s'applaudissant tous des bons résultats
du brôme de Schrader dans leur propriété.

Cependant, pour être fixé d'une manière absolue
sur la valeur et la durée de ce fourrage, il est prudent
d'attendre les résultats de sa culture sur une plus
large échelle.

Céréales

Tout le monde sait cultiver du blé, de l'orge, du
seigle et de l'avoine; je n'entrerai donc dans aucun
détail à cet égard.

Je dirai seulement que si vous fumez à raison de
16,000 kil. tous les ans, ou de 78,000 kil. tous les
cinq ans, vous aurez une moyenne de 30 hectolitres
de blé à l'hectare et 40 à 60 hectolitres d'avoine, sans
compter double rendement en paille, et cela sans
payer plus cher la location du sol, ni sans augmenter
le chiffre des façons.

A ceux qui craindraient la verse de leur blé, je
répondrai que le danger sera moindre si la terre a
été fumée un an auparavant pour la culture des
racines, et j'ajouterai que la verse n'a pas lieu dans
les terres bien chaulées, et si surtout on emploie pour
le blé 2 à 400 kil. de poudre d'os ou phosphate de

chaux. Les blés versent principalement là où manquent la chaux et la silice.

Les blés blancs anglais et le blé roux (blé Hiékling) sont beaucoup moins sujets à la verse et donnent souvent plus de graines que les autres variétés. Pourquoi n'en pas essayer en petite quantité ?

Comme mars, les blés chiddam et hérisson (ou barbus) résistent mieux à la verse et donnent facilement de 25 à 35 hectolitres à l'hectare.

MOYETTES. — Dans la plupart des départements, la coupe du blé se fait beaucoup trop tard. Le grain perd ainsi et en poids et en qualité. Dans le département du Nord, le blé est coupé dès que le grain ne s'écrase plus à une légère pression des doigts ; de plus il est mis en moyettes, c'est-à-dire que six ou huit gerbes sont réunies ensemble, posées droites en forme de cône, et la partie supérieure (celle des épis) recouverte par une couche de paille garantissant les grains du contact de la pluie qui viendrait à tomber.

Le blé achève de mûrir petit à petit, il acquiert plus de poids et de qualité, et de plus le cultivateur a le temps voulu pour engranger sa moisson tout à son aise, sans presse, et dans les moments où il n'a rien de mieux à faire.

Ce système, suivi déjà par un grand nombre, est sans contredit le meilleur ; il peut augmenter le poids du grain de 15 p. 100 et donne, je le répète, quant à la qualité, une plus-value notable. Il est surtout précieux dans les années pluvieuses.

Des semences en général

Les quantités indiquées à l'hectare ne sont que des moyennes. En général, il faut moins de semences pour une terre riche et fertile que pour celle au contraire qui est pauvre, aride et mal fumée. Il en faut davantage pour des récoltes en vert que pour celles dont on recueille des graines; davantage au printemps, et moins avant l'hiver, parce que la plante a le temps de taller.

Semoir. — On ne saurait trop conseiller l'emploi des semoirs pour les exploitations de quelque importance. Leur effet est d'économiser la moitié des graines d'abord, et ensuite de les répandre en lignes d'une façon beaucoup plus régulière, qui facilite plus tard les sarclages. Un semoir est bon pour toute graine, il n'y a qu'à le régler à cet égard. Son prix varie de 3 à 600 fr.; mais dans de grande exploitations, il peut être payé dès la première année, par le fait seul de l'économie des semences, qui est de 40 à 50 p. 100.

Le semoir à brouette pour les petites exploitations ne coûte que 125 francs.

Graines. — Il est bon de laisser monter à graines les divers fourrages dont on use chaque année dans une exploitation afin de faire sa provision soi-même ; on arrive ainsi à une économie fort importante, car l'achat répété des semences ne laisse pas que d'occasionner une assez forte dépense.

Comme les fourrages qui montent à graine épuisent beaucoup le sol, il faut ne réserver que la quantité absolument nécessaire, c'est-à-dire de 5 à 6 ares au plus par hectare. Chaque fourrage même hâtif doit être semé seul sur une parcelle à part, qu'on devra fumer doublement.

Prairies naturelles

Les prairies naturelles ou graminées peuvent être établies à peu près partout. Elles réussissent surtout dans les terrains frais et humides. On les distingue en prairies *hautes, basses* et *moyennes.*

Elles offrent au cultivateur l'immense avantage de pouvoir compter sur une certaine quantité de fourrages, de faire à peu de frais des élèves de divers bestiaux, et de réduire la culture à sa plus simple et moins coûteuse acception.

La prairie naturelle appartient principalement aux vallées et aux pays de l'élevage ; elle offre de grands avantages comme aussi plusieurs inconvénients. Les avantages sont trop connus pour que j'aie à en faire mention.

J'insisterai plutôt sur ses principaux inconvénients.

7

Les personnes qui possèdent beaucoup de prairies naturelles négligent la culture des prairies artificielles, c'est un immense tort; car sans prairies artificielles, tout système d'assolement est défectueux. Les animaux passent la plus grande partie de l'année dehors, font par conséquent peu de fumier, laissent évaporer leurs fientes qui se trouvent ainsi en grande partie perdues. Et de plus, la prairie est fumée fort irrégulièrement.

Les parties d'herbes trop copieusement fumées sont dédaignées et délaissées par les bestiaux; quelques-unes même tendent à devenir arborescentes, c'est-à-dire à présenter des tiges ligneuses qui deviennent inutiles comme autant de parasites.

Toute prairie devrait être fauchée en juin chaque année avant d'y laisser pâturer les bestiaux.

Toute prairie devrait recevoir de temps à autre quelque riche engrais composé de terreaux, de cendres et de fientes d'animaux; et surtout des irrigations au purin, répétées peu de temps après la coupe, principalement dans les temps trop secs, alors que l'herbe a à peine quelques centimètres de hauteur.

Toute prairie un peu vieille, comptant 12 à 15 ans d'existence, et envahie par les mauvaises herbes, devrait être déroquée, soumise pendant deux ou trois ans à un système de culture ordinaire, fortement fumée enfin, avant d'être réorganisée en prairie nouvelle.

Il y a souvent avantage à faire succéder une prairie

artificielle dont les plantes pivotantes empruntent leur vitalité à une partie du sol restée vierge.

Une prairie trop humide doit être drainée. A défaut de tuyau, il faut au moins drainer à ciel ouvert ; c'est à dire tracer des rigoles à divers espaces, de manière à permettre l'infiltration et l'écoulement des eaux.

SEMENCES. — Les semences nécessaires à la composition d'une bonne prairie sont généralement réparties dans les quantités suivantes :

Avoine élevée ou fromental, crételle des prés, fétuque des prés, fléole, houlque laineuse, paturin commun, trèfle rouge, vulpin des prés, 2 kil. de chaque espèce. Dactyle pelotonné, flouve odorante, ray-grass vivace, 3 à 4 kil. de chacune de ces trois variétés. Le tout donne lieu à une dépense de graines de 50 à 60 fr.

On fume ordinairement les prés vers la fin de février ou le commencement de mars.

Pour détruire les racines pivotantes, il est bon de conduire dans les prairies les porcs à jeun, du 15 octobre au 15 novembre.

Tout cultivateur dont l'exploitation est trop considérable pour les capitaux dont il dispose devrait mettre en prairies une grande partie de ses terres, et attendre ainsi quelques années, jusqu'à ce que l'augmentation successive de son bétail, et de son fumier par conséquent, lui permette de traiter toutes ses pièces ainsi que je l'ai indiqué. Il n'y a que ce

moyen de possible pour tout homme voulant améliorer peu à peu sa situation précaire.

Si mauvais que soit le sol, il pourra toujours
fournir quelque pâture à un troupeau de moutons.

Assolements

Les assolements sont très-variés en France ; plusieurs d'entre eux sont fort défectueux, surtout les
assolements biennaux et triennaux qui consistent à
faire revenir la culture d'une céréale tous les deux
ou trois ans.

Les meilleurs seront toujours ceux de cinq ans *et
plus*.

ASSOLEMENT de cinq ans.

1re ANNÉE : racines *fortement fumées*, après deux ou
trois labours, dont un très-profond.
2e — froment, et trèfle au printemps.
3e — trèfle.
4e — fourrages hâtifs mélangés, trois ou
quatre cultures successives *et variées*,
la première fortement fumée.
5e — seigle, orge ou avoine.

L'essentiel est d'alterner chaque année et de faire
suivre une culture pivotante par une culture traçante, et réciproquement.

A la place du trèfle, on peut faire un sainfoin ou

une luzerne (selon la nature du sol), mais alors il sera
bon de fumer fortement, si surtout les plantes sarclées n'ont pas reçu préalablement 50 à 75,000 kil.
de fumier. Dans ce cas, on fait disparaître de l'assolement les pièces occupées par les deux légumineuses ; ou en d'autres termes, l'assolement, au lieu
d'être de cinq ans, le devient de sept ou neuf ans,
ce qui n'en vaut que mieux, puisque le sainfoin et la
luzerne laissent après eux une quantité de racines
correspondant à un fort riche engrais.

Après quelques années d'un semblable système, on
peut se livrer si l'on veut, avec avantage, à la culture du lin, du chanvre et autres plantes fort épuisantes. Toutefois, je le répète encore, l'engrais du
bétail est tout aussi rémunérateur et laisse après lui
un supplément considérable de fumier.

Chevaux

Je dirai peu de chose des chevaux et je n'entrerai
pas par conséquent dans le détail des races et de la
valeur de chacune d'elles. Un volume seul d'ailleurs
n'y suffirait pas. Je ne parlerai donc que de données
générales et économiques.

L'amortissement du prix d'un cheval doit se
compter par le chiffre de 15 p. 100 par an. En d'autres
termes, vous devez faire vous-même à cet égard
votre propre assurance.

Il s'ensuit de là que, si vous avez dans votre ferme des chevaux de la valeur de 1,000 fr., vous devez considérer ce chiffre dans votre inventaire comme diminué de 150 fr. chaque année. Cela ne laisse pas que d'être fort onéreux.

Il vaut donc mieux, il est plus économique d'avoir des chevaux de 4 à 600 fr. qui, bien nourris, feront également votre ouvrage, et dont l'amortissement ne sera alors que de 60 à 90 fr. par an.

Cependant, vous pouvez avoir avantage et bénéfice à vous servir de poulains ou pouliches de trois ans pour les revendre à quatre et cinq ; car dans ce cas, vous revendez de 150 à 300 fr. plus cher que vous n'avez acheté, ce qui paye largement votre amortissement.

Si vous vous servez de juments et que vous soyez dans un pays d'élèves, de prairies par conséquent, vous avez avantage à vous procurer *des bêtes de choix*, même à un prix élevé, car alors vous pourrez bénéficier plus amplement sur la vente de vos poulains.

Un mauvais poulain vous coûte tout autant à nourrir qu'un très-beau. Je connais un paysan qui n'a qu'une seule jument, mais elle est belle et bonne; chaque année, il vend de 6 à 900 fr. un poulain ou pouliche de deux ans.

Mais en cela, comme en beaucoup d'autres choses, il faut suivre la coutume du pays.

Nourrissez abondamment vos chevaux. Outre la paille et le foin, ne manquez pas d'y joindre chaque jour de 9 à 12 litres d'avoine, et d'augmenter même cette quantité les jours de grandes fatigues. Vous regagnerez cette dépense, soit dans vos travaux, soit dans votre amortissement.

Donnez à vos chevaux pendant l'hiver 10 kil. de topinambours ou de carottes, ou de panais, ou de rutabagas, en réduisant d'un tiers la ration d'avoine. Ils s'en trouveront très-bien.

Renvoyez sans pitié tout charretier brutal, colère, ivrogne et maltraitant vos chevaux ; autrement, il ferait un tort considérable à vos animaux. Exigez que celui qui conduit vos chevaux agisse avec patience et douceur, de manière à ce qu'ils ne soient pas tarés entre ses mains.

Ce que je dis de ceux qui conduisent les chevaux s'entend aussi de ceux qui soignent et conduisent tous les autres bestiaux. C'est au maître à y veiller.

Méfiez-vous des maquignons ! Si vous n'êtes pas plus fin qu'eux, vous ferez toujours un mauvais marché. Ne gardez pas et vendez au plus tôt un cheval difficile, dangereux, qui n'a pas de fond, ou qui se nourrit mal. Vendez surtout un cheval à temps, c'est-à-dire avant qu'il ne soit tout à fait perdu.

Veillez sévèrement à ce que vos chevaux soient pansés chaque jour avec soin. Ce pansement est de la plus grande importance pour leur santé..

Je n'indiquerai pas de remèdes pour les diverses maladies auxquelles le cheval est le plus sujet. Le mieux à cet égard est de consulter votre vétérinaire.

Quand un cheval a l'oreille et la tête basses, qu'il

marche comme malgré lui, ne le forcez pas ; rentrez-
le au plus vite à l'écurie, tenez-le chaudement avec
une couverture, mettez-le à la diète et ne donnez-lui
que de l'eau blanche (de son) que vous aurez fait
tiédir. S'il n'est pas mieux le lendemain, il faut consulter un homme de l'art.

L'été, ne forcez pas trop un cheval sur l'avoine,
et faites comme beaucoup de propriétaires, faites
tremper son avoine dans l'eau trois ou quatre heures,
il la mangera avec plus de plaisir et la digérera
mieux. C'est, du reste, une excellente habitude que
de leur mélanger du son mouillé.

Prix du travail du cheval.— Un cheval mangeant
par jour 12 litres d'avoine, 10 kil. de foin et 5 kil. de
paille dépense environ, chaque année, la valeur de
550 fr. ; en ajoutant à ce chiffre 25 fr. pour la ferrure et le vétérinaire, 15 p. 100 pour amortissement
du prix du cheval, soit 90 fr. pour sa valeur supposée
de 600 fr. ; plus 15 p. 100 d'amortissement pour l'u-
sure des harnais, charrettes et divers autres instruments, soit 75 fr. par an ; on arrive à la dépense
annuelle de 740 fr. par cheval, ce qui pour 300 jours
de travail met le prix d'une journée de cheval à 2 fr.
47 cent.

En ajoutant à ce chiffre 2 fr. par jour pour le
charretier, on aura 4 fr. 47 c. par journée de cheval,
6 fr. 94 c. pour deux chevaux et leur conducteur ;
soit en chiffres ronds 7 fr.

Ce mode de compter doit guider pour se rendre

compte des frais de labours ou de transports journaliers, et surtout si l'on veut les faire figurer dans une comptabilité agricole.

Race bovine

Je ne donnerai qu'un aperçu sommaire.

Dans une exploitation peu avancée où le sol est pauvre, ayez de petites races; la race bretonne par exemple. Elle réussira là où dépérirait tout autre race de taille.

Là où le sol est riche et les fourrages abondants, préférez les grandes races ; elles payeront mieux leur nourriture.

Vaches laitières. — Les bonnes laitières ont le ventre gros et abattu, les hanches larges, le cou fin, la tête légère et les jambes minces. Le pis ou rémeil doit être développé, sans l'être démesurément. Les marchands trouvent le moyen de le faire enfler en soufflant dedans; on découvre la supercherie en le pressant à la main.

Les vaches donnant une grande abondance de lait sont rarement bonnes beurrières. Celles qui ont le *carreau* (espèce de dureté entre les jambes de devant) sont ordinairement réputées bonnes beurrières.

Aux environs des villes ou des gros bourgs, où vous trouvez facilement à vendre votre lait, vous avez avantage à choisir de préférence de bonnes laitières ; car, dans ce cas, le lait est payé plus cher que ne le serait le beurre ou le fromage. Une bonne vache donne par an de 1,500 à 3,000 litres de lait (selon la race et la taille).

Si vous êtes dans un pays d'élève et que vous ayez des débouchés faciles, vous pouvez avoir avantage à élever des veaux pour les vendre à un an, deux ans ou trois ans. Dans ce cas, il est essentiel que vous possédiez d'excellentes races et de beaux animaux, le profit sera d'autant plus considérable. Une génisse d'un an peut valoir 75 fr. et 250 fr. ; la marge est grande. Je ne puis donc que parler seulement en général.

Les vaches dont le pis reste gros après la traite sont de mauvaises laitières.

AGE. — A quatre ans, il se forme un bourrelet aux cornes ; si la vache a cinq ans, elle a deux bourrelets ; elle en a trois si elle a six ans, et ainsi de suite.

LAIT. — Le lait tiré le premier est plus léger et trois fois moins crêmeux que celui qui est trait en dernier.

Le lait donne depuis 3 1/2 jusqu'à 5 p. 100 de beurre. 1 kil. de beurre exige de 3 à 5 kil. de crême, selon sa richesse.

Le lait pour écrémer exige une température d'au moins 12 degrés centigrades.

Le lait ne doit point être secoué, ni rester là où sont des miasmes ou de mauvaises odeurs.

1 kil. de carbonate de soude cristallisé, mis dans 100 litres de lait, facilite sa conservation et l'écrémage.

Le lait dans la baratte exige pour devenir beurre une température de 18 à 20 degrés.

La crème dans la baratte exige pour devenir beurre une température de 10 à 12 degrés centigrades.

100 litres de lait fournissent 15 litres de crême, lesquels fournissent 3 kil. de beurre au minimum.

L'hiver, on ajoute pour donner de la couleur au beurre deux cuillerées de jus de carotte pour 1 kil. de beurre.

Le petit lait est donné aux veaux quelques semaines après leur naissance, ou aux cochons.

Il faut 12 grammes de présure pour coaguler 10 litres de lait.

1 KIL. DE BEURRE est produit par 18 litres de lait chez les bonnes bretonnes, par 20 litres chez les normandes, par 24 litres chez les bretonnes moyennes, par 29 litres chez les suisses, par 30 ou 31 litres chez les anglaises, par 34 litres chez les hollandaises, par 39 litres chez les vaches de la Lombardie. Donc si vous avez un débit facile de votre lait, préférez les vaches hollandaises, qui donnent de 3,000 à 4,000 litres de lait.

La conséquence de tout ceci est facile à saisir pour vous, selon que vous voulez faire beaucoup de beurre ou obtenir beaucoup de lait.

100 KIL. DE FOIN donnent 66 litres de lait chez la race schwitz, 56 litres chez la race normande, 45 litres chez la race bretonne (cette dernière pèse plus d'un tiers en moins). 100 kil. de foin chez la race bretonne correspondent à 3 kil. de beurre.

FROMAGE. — 1 kil. de fromage de Brie est produit par 6 litres de lait. 1 kil. de fromage de Cantal par 10 litres. 1 kil. de fromage de Gruyère par 12 à 18 litres (*selon le fromage*). 1 kil. de fromage de Parmesan par 13 litres de lait écrémé, de sorte que 100 litres donnent 4 kil. et demi de fromage et 1 kil. de beurre.

Ce qui précède explique comment les bonnes vaches en Brie ne donnent pas moins de 300 fr. de fromage par an. L'industrie du fromage peut donc vous être excessivement avantageuse selon le pays où vous habitez.

En somme, combien pouvez-vous vendre votre litre de lait? Combien le litre vous rapporte-t-il en beurre ? Combien vous rapporte-t-il en fromage? Combien vous donne-t-il enfin en beurre et fromage réunis? C'est d'après ces chiffres que vous devez faire votre choix. Combien aussi un veau de trois mois vous a-t-il payé les 500 à 800 litres de lait qu'il a consommés?...

VEAUX. — Un veau pesant à sa naissance 30 kil. pèse à trois mois 150 kil. et donne 93 kil. de viande net au boucher.

En Angleterre, 4 veaux sont donnés à une seule vache, et on se réserve le lait des trois autres.

En France, 4 veaux sont donnés à deux vaches le plus ordinairement, après les avoir toutefois laissé téter leur mère pendant trois jours.

Peu à peu, on délaye des farines dans l'eau que l'on mélange avec le lait tiède donné aux veaux. Plus tard on ajoute de l'herbe bien fraîche et bien tendre à leur râtelier.

Le mieux est de ne pas attacher les veaux à l'étable, mais de leur établir une *bon* au moyen de quatre claies (celles dont on se sert pour le parcage des moutons).

Un veau acheté à six semaines et gardé pendant un an peut rapporter de 50 à 200 fr., selon les races petites ou grandes. Les races de choix peuvent rapporter davantage encore.

Si vous obtenez *quelque prime* dans un comice agricole ou un concours régional, cela peut vous faire trouver à vendre deux et trois fois plus cher vos élèves.

Trois jeunes veaux, en un an, ne mangent pas plus qu'un bœuf de taille et peuvent souvent payer beaucoup plus cher que le bœuf la nourriture consommée.

C'est à vous d'examiner ce qui vous rapportera le plus.

Le mieux est de castrer les mâles dès le premier mois de leur naissance et non plus tard.

BŒUFS. — Nos races françaises manquent toutes de

précocité et ont été créées pour le travail. Dans les pays où on ne les élève que dans ce but, comme bêtes de trait, il n'y a pas lieu de modifier ce système.

Mais là où on a en vue les races de boucherie, il est absolument nécessaire de les rendre précoces par les croisements de durham.

Le durham est bon à livrer à la boucherie dès l'âge de trois ans. Il pèse à cet âge de 6 à 800 kil., quelquefois plus. Nos races françaises livrées à six ou huit ans à la boucherie ont donc consommé le double de nourriture. Il est vrai que de trois à six ans elles ont servi comme attelage; mais elles ont dépensé en moyenne chaque année la somme de 250 à 300 fr. pour leur nourriture.

En somme, vous auriez pu dans ce laps de temps élever et vendre 6 à 800 fr. chacun deux bœufs précoces, soit 12 à 1,600 fr.; le double de ce que vous vendez votre bœuf de travail quand il est usé.

Il y a là matière à calcul..., je ne trancherai pas la question.

L'emploi du bœuf en agriculture est plus avantageux dans les pays de montagnes, dans les terres difficiles, dans les chemins mauvais. Dans des conditions contraires, le cheval est préféré.

CROISEMENT. — C'est une affaire très-délicate que celle des croisements. Toutefois l'emploi du durham est le meilleur de tous, si vous voulez faire des races précoces, et même corriger la mauvaise conformation de vos animaux.

Ainsi, lorsque vous avez une vache, d'ailleurs bonne laitière, mais péchant par la conformation de son arrière-train, l'usage de durham pendant deux ou trois générations successives améliorera de beaucoup les formes de vos animaux, sans nuire en rien à leur qualités laitières. Ce système est suivi avec avantage dans beaucoup de localités par des cultivateurs experts.

En général, réformez souvent votre taureau de manière à ce que ce soit toujours un animal étranger à vos vaches, et qu'il ne soit pas du même sang. La consanguinité donne presque toujours des produits inférieurs. Tâchez surtout que ce soit un bel animal, aussi irréprochable de forme que possible; ce point est important pour ceux qui font des élèves... C'est une condition de gain et de profit.

ENGRAIS. — Choisissez pour engraisser des bœufs ou des vaches de bonne nature, ni épuisés, ni même fatigués, dont la peau soit molle et flexible sous la main, et le poil fin et lisse.

Si c'est une vache, faites-la saillir, autrement elle s'engraisse mal.

Un bœuf ou une vache peuvent être engraissés dans l'espace de deux à trois mois, soit par pouture (au foin sec), soit dans des herbages riches et substantiels, soit moitié au sec et moitié avec des racines telles que pommes de terre, rutabagas, topinambours, grains concassés, farines, tourteaux de lin et de colza.

Il faudra cinq mois si la betterave devient la base de l'engrais.

En général, quand on met plus de quatre mois à engraisser un animal, il n'y a plus aucun bénéfice. Vous en avez d'autant plus, au contraire, que vous pousserez votre animal sur la nourriture et que vous pourrez le vendre au bout de deux ou trois mois.

Il n'y pas avantage à pousser un animal à son maximum d'engraissement, car les quelques kilog. dont il augmente vous reviennent à un prix exorbitant.

Il y a un grand avantage à donner des grains ou quelques farines aux bestiaux d'engrais, quand ces grains sont d'un prix modéré. Les animaux engraissent doublement vite, par conséquent sont vendus plus tôt, et peuvent être renouvelés alors dans une saison.

Etant plus en chair, ils se vendent aussi plus avantageusement. Les grains à donner sont : l'avoine, le seigle, l'orge, le sarrasin, les pois et *les graines de sorgho à balais.* Quand on possède une distillerie, la dépense de cette nourriture est moindre, puisqu'on ne donne alors que les pulpes ou résidus de ces grains. On peut ne donner les grains ou farines que dans le dernier mois de l'engraissement.

Un bœuf d'engrais reçoit de cinq à dix-huit mois, en foin sec ou équivalent, 4 kil. 1/2 p. 100 de son poids vif; de dix-huit à trente mois, il reçoit 3 kil. p. 100; de trente à quarante mois et plus tard, il reçoit 2 kil. 1/2 p. 100.

Foin, viande. — 100 kil. de foin ou l'équivalent en racines donnent de 3 kil. à 3 1/2 de viande vive. A raison de quel prix vendez-vous le kil. au boucher?

Un bœuf pesant 560 kil. s'il est bien nourri augmente de 800 grammes à 1 kil. par jour, soit de 85 à 90 kil. en trois mois.

Le bœuf de 1 jour à 1 an augmente de 200 à 287 kil. ; de 1 an à 2 ans, il augmente de 200 à 270 kil. ; de 2 à 3 ans, il augmente de 240 kil. — Total 600 à 797 kil.

4,000 kil. de foin, ou l'équivalent, consommés par un bœuf de 2 à 3 ans sont payés de 60 à 150 fr. au plus. Des veaux de 6 mois à 1 an payeraient la même quantité de foin de 200 à 300 fr., ce qui n'est pas très-encourageant pour l'engrais du bœuf.

Ceci fait voir qu'en fait d'engrais on ne doit pas songer à garder un bœuf plus de trois à quatre mois, sous peine de perdre tout bénéfice.

Un bœuf nourri à raison de 20 à 25 kil. de foin par jour, ou avec l'équivalent de foin, tel que racines, peut engraisser en trois mois de 80 à 90 kil.; mais il ne faut pas oublier que, dans le même espace de temps et avec la même ration, une forte vache ou deux petites vaches peuvent vous donner de 12 à 1,500 litres de lait.

Qui aura payé plus cher sa nourriture, le bœuf ou la vache?... Je crains bien que ce ne soit pas le bœuf.

Si cependant vous avez un marché voisin où vous pouvez acheter à bon compte des animaux maigres, vous pouvez encore en deux ou trois mois réaliser un bon bénéfice. Mais il importe beaucoup de savoir acheter et vendre, c'est là un point capital.

Un bœuf convenablement engraissé peut être vendu de 60 à 150 fr. plus cher qu'il n'a été acheté ; cela dépend naturellement du poids de l'animal.

Un cultivateur de Seine-et-Marne a acheté dans la saison dernière pour 32,600 fr. de bœufs, vaches et taureaux, qu'il a vendus 53,400 fr. La betterave et les grains avaient fait la base de l'engrais.

SEL. — Il est important de faire consommer aux bêtes à l'engrais 40 à 50 grammes de sel de cuisine dans leurs aliments. Le sel aide tout à la fois leur digestion, leur appétit et leur aptitude à prendre la graisse.

NOURRITURE D'ÉTÉ. — Une vache doit chaque jour manger en vert de 40 à 60 kil. Uu bœuf de forte taille doit manger de 50 à 80 kil.

NOURRITURE D'HIVER. — Une vache doit manger chaque jour de 20 à 35 kil. de racines ou de résidus de distillerie, plus 4 à 6 kil. de paille, plus 4 à 6 kil. de foin.

Le bœuf doit manger les mêmes rations avec l'augmentation d'un quart environ. Tout cela dépend de la taille des bœufs.

Le bœuf d'engrais exige la même ration que la

vache, mais toujours avec une augmentation de la moitié en plus.

Ordinairement, on ne force pas autant sur la quantité de foin.

Les chiffres qui regardent les racines sont à peu près les mêmes pour les résidus de distillerie.

Le bœuf ou la vache mis à l'engrais doit rester dans une étable plutôt chaude que fraîche ; l'obscurité, doit y régner à demi on doit le déranger le moins possible, et faire en sorte qu'il jouisse de la tranquillité la plus complète.

On fera bien de peser l'animal au moyen d'une bascule avant de commencer l'engrais, et de quinzaine en quinzaine, afin de s'arrêter lorsque son poids n'augmentera plus d'une manière assez sensible.

MÉTÉORISATION. — Si un de vos animaux éprouvait un commencemenl de météorisation, il faut lui tenir la bouche ouverte au moyen d'un tampon, le recouvrir d'un drap mouillé, et arroser le drap de temps à autre. On fera bien ensuite de le soutenir au moyen d'une sangle dont l'extrémité sera fixée à un gond planté pour cela dans la muraille de l'étable, et quatre hommes suffiront à tenir l'autre extrémité. C'est M. Heuzé qui donne ce moyen comme préférable de beaucoup à celui de faire avaler quelques cuillerées d'ammoniaque dans un verre d'eau, car les animaux traités par ce système, s'ils viennent à mourir, n'offrent plus qu'une viande détestable et pour ainsi dire immangeable. Il y a une méthode d'ailleurs bien préférable, celle de leur percer la panse avec un trocart. On doit faire faire l'opération par un vétérinaire, cela est plus prudent; mais à défaut de vétérinaire, on peut la faire soi-même.

Du reste, pour éviter la météorisation, il suffit de donner peu à manger à la fois et de renouveler au bout d'une heure les fourrages verts susceptibles de produire cet accident.

PRIX DU TRAVAIL D'UN BŒUF. — Un bœuf de 500 kil. mangeant chaque jour 15 kil. de foin, ou l'équivalent en racines, plus 5 kil. de paille, coûte environ 300 fr. par an.

Si le bœuf vaut 300 fr. il faudra compter 5 p. 100 d'amortissement, soit 15 fr., plus 15 fr. pour ferrure et médicaments ; plus enfin 15 fr. pour amortissement du harnais, de la charrette et de la charrue ; en tout 345 fr. qui pour 300 jours de travail, fera 1 fr. 32 c. pour chaque journée ; soit 2 fr. 65 c. pour deux bœufs. En ajoutant 2 fr. pour leur conducteur, une journée de quatre bœufs revient à 7 fr. 30 c.

Trois bœufs font le travail de deux chevaux.

Le bœuf ne doit pas travailler plus de six à huit heures par jour, car il faut lui laisser le temps de ruminer.

Moutons

Je ne parlerai des moutons que d'une manière

toute sommaire, le cadre de mon ouvrage ne se prêtant pas à une description et une analyse détaillée.

RACES. — Elles sont nombreuses en France, mais elles ne forment que deux grandes catégories : l'une à laine fine, la race MÉRINE, et l'autre à laine plus ou moins grosse et longue, que l'on élève plus spécialement pour la boucherie.

LE DISHLEY OU NEW-LEICESTER donne en Angleterre à l'âge de deux ans 30 à 40 kil. de viande médiocre ; son principal mérite est d'être précoce.

LE SOUTH-DOWN est plus rustique et plus fin de laine, tout en étant aussi précoce ; il donne des bénéfices considérables.

Ces deux races étrangères sont croisées avantageusement avec celles de Normandie, de l'Artois, de la Flandre et de la Beauce, mais le south-down réussit tout particulièrement avec le berrichon.

LE MÉRINOS de Rambouillet donne jusqu'à 9 kil. de laine en suint.

MAUCHAMPS. — Cette race donne une laine payée jusqu'à 8 fr. le kil.

CLIMAT. — La race ovine à laine fine veut un climat sec, un sol léger ; elle se plaît dans les pays de montagnes même un peu arides.

Dans les climats froids, humides, les races de boucherie réussissent assez bien.

La bergerie doit être au dedans à la température du dehors.

Elle doit être aérée d'en haut. En Angleterre, les moutons restent toute l'année dehors.

Dentition, age. — La première année, six dents pointues ; la seconde année, deux dents du milieu tombent et sont remplacées par deux larges ; la troisième année, deux autres dents larges de chaque côté des deux dents du milieu, soit quatre larges ; la quatrième année, six larges dents et deux pointues ; la cinquième année, toutes dents larges ; de cinq à huit ans, les dents de devant tombent ou se cassent.

Signes de bonne santé. — 60 à 70 pulsations à la minute ; démarche libre, tête haute, œil vif et ouvert, le front et le museau secs, les naseaux humides sans mucosité, l'haleine bonne, la bouche nette et vermeille, les membres agiles, un bon appétit, le jarret fort, la peau douce et rose, la laine fortement attachée et bien fournie, les reins forts, l'encolure large, les organes générateurs développés, pas de cornes, laine grasse. nette et frisée, la veine du blanc de l'œil apparente et d'un rouge vif, les coins de l'œil et du nez rouges.

Signes de mauvaise santé. — 90 à 100 pulsations à

la minute; haleine mauvaise, tête basse, parties du corps dégarnies de laine, gencives et veines pâles, cédant facilement à la pression des reins, demeurant couchés, bêlant plaintivement, manque d'appétit, souvent altérés, ne ruminant pas, mucosité tombant du museau.

CONDITIONS GÉNÉRALES. — Les jambes doivent être plutôt courtes que longues, la tête légère, les os petits, les reins droits, les côtés ronds. Les jumeaux sont moins bons pour la reproduction. Le menu bétail est plus sobre et convient mieux aux pays de montagnes, ou privés de voies de communication. On doit préférer les provenances d'un pays sec, ceux qui donnent beaucoup de laine, et en général une taille moyenne.

HYGIÈNE. — On doit tous les jours sortir un troupeau pour le faire pâturer. Le sainfoin est la nourriture préférable ainsi que le ray-grass d'Angleterre ou d'Italie.

Le trèfle, la luzerne, le froment, le seigle, l'orge, le coquelicot, les herbes tendres et celles qui croissent à l'ombre des bois peuvent les météoriser, *s'ils en mangent trop.*

On doit surtout éviter de les faire pâturer par la rosée. Ils aiment la betterave (1 à 2 kil. par jour et par tête), les feuilles de vignes, de tilleuls, de frênes, d'aulne, de peupliers, d'ormes, d'acacias, de noisetiers, pourvu qu'elles soient toutes séchées vingt-quatre heures au soleil. On leur donne des herbes fraîches à raison de 4 kil.; le chou, 2 à 3 kil. (selon la taille); les carottes, 2 kil.; les pommes de terre et les topinambours, 2 kil.; marrons d'Inde ou leur écorce, 1 kil.; paille d'avoine 1 kil. On doit éviter les pailles d'orge.

Les moutons doivent boire peu; autrement, c'est signe de maladie. Ils ne doivent pas boire après des fèves, des pois on des farineux. Ils boivent une fois par jour, et deux fois au plus l'hiver quand ils ont une nourriture sèche; leur eau doit avoir été exposée quelque temps à l'air. En bergerie, l'eau doit être renouvelée tous les matins. Il est bon de mettre dans cette eau 60 grammes de sulfate de fer pour dix seaux d'eau. On doit éviter les fourrages cuits, et donner des fourrages hachés et arrosés d'eau salée. Il y a dans ce cas économie d'un tiers, car 75 kil. de foin hachés ont été réduits d'abord à 62 kil., puis à 50 kil. qui étaient arrosés la veille par 150 litres d'eau et 750 grammes de sel.

On doit graduer le passage du vert au sec et du sec au vert. Les fourrages secs sont préférables aux laines fines; la betterave et les autres racines sont préférables aux laines longues.

Le bélier est employé de deux à huit ans; à huit ans on le castre, *on le tourne* pour être mis à l'engrais. On donne du grain au bélier huit jours avant la monte; on en a un pour 50 brebis, on a soin de le faire reposer de deux jours l'un. On doit préférer la lutte à la main, c'est-à-dire conduire séparément chaque brebis au bélier.

Les grains, les pois ou 500 grammes de pain d'avoine sont la nourriture la plus échauffante et la mieux appropriée.

LES BREBIS sont en rut d'octobre en avril; elles portent six mois, on doit préférer les naissances en mars. Les brebis FLANDRINES donnent deux agneaux par an et deux fois plus de laine. Lorsque la brebis est pleine, on évite les pâturages humides. Les brebis qui sont sur le point d'agneler ne doivent plus pâturer. 100 brebis donnent en moyenne 90 agneaux.

PART. — Le berger ne doit aider l'agnelage que dans les cas difficiles; il doit pour cela couper ses ongles et s'enduire les doigts d'huile ou de graisse; on excite la brebis avec des graines ou farines, un oignon, deux gousses d'ail, une pincée de sel, et deux poignées de son, le tout mélangé ensemble; ou on lui donne encore 36 grains d'antimoine.

L'agnelage terminé, on donne de l'eau blanche tiède à la mère, et plus tard du son ou de l'orge. Si la brebis ne lèche pas l'agneau, on saupoudre le dos de celui-ci avec un peu de sel. On donne aux brebis qui allaitent des pommes de terre ou des betteraves. La brebis qui allaite doit recevoir un supplément de nourriture de 500 grammes environ. On fait sortir les brebis dix ou quinze jours après, et on sèvre les agneaux à deux mois ou deux mois et demi; on les éloigne alors du troupeau et on mêle de l'ail dans leurs aliments; la craie que l'on tient toujours à leur disposition les préserve de la diarrhée.

CASTRATION. — On castre les agneaux à l'âge de huit à dix jours en leur arrachant les testicules, et on les laisse reposer à l'étable quatre ou cinq jours. Les deux autres systèmes de castration ne valent rien.

ELÈVES. — On ne doit pas conserver pour élève l'agneau de la première portée. On donne aux agneaux des pois, des farines de fèves ou d'avoine délayées dans l'eau ou le lait.

TONTE. — On les tond dès qu'il fait assez chaud. Un bon tondeur opère sur 25 à 30 brebis dans sa journée.

Avant la tonte, il faut laver la laine à dos par une journée chaude, un quart d'heure suffit par tête. La laine bien lavée se vend 1 fr. 50 c. à 2 fr. plus cher par kil.; mais elle pèse un tiers de moins que la laine en suint.

On tond trois jours après, quand la laine est bien séchée.

100 bêtes mérinos donnent 112 kil. de laine lavée à dos; 100 bêtes à laine longue donnent 150 kil.

MALADIES. — *Piétain* : faire tomber un goutte d'eau forte (acide nitrique) sur la partie malade, ou tremper le pied dans de l'eau contenant 5 p. 100 de sulfate de cuivre.

Météorisation : faire avaler une cuillerée au plus d'eau et d'alcali.

Pourriture ou *cachexie aqueuse* : 10 kil. d'écorce d'osier ou de saule pendant un mois; soit 330 grammes par jour.

Diarrhée : 4 grammes de thériaque dans un demi-verre de vin.

Claveau : inoculation préventive par le vétérinaire, et si dans les quatre ou cinq jours qui suivent l'opération le bouton n'apparaît pas, on recommence.

Il est bon de couper les cornes et la queue des moutons.

ENGRAIS. — On doit préférer les moutons aux brebis ; toutefois celles-ci s'engraissent également. Les moutons âgés d'au moins trois ans et demi et plus (et ayant leurs dents) sont d'un engrais plus facile et moins coûteux. Deux ou trois mois suffisent sur de riches pâturages, ou avec de bons fourrages verts ; dans ce cas, ils doivent boire souvent. Les moutons castrés autrement que par la manière indiquée engraissent beaucoup plus difficilement.

POUTURE. — Les moutons s'engraissent encore en deux ou trois mois l'hiver, avec 400 grammes de foin, 500 grammes d'avoine et 400 grammes de tourteaux par jour. Les tourteaux sont remplacés, les quinze derniers jours, par des farines de fèves, de pois ou de sarrasin. Ce système d'engrais est assez usité dans le Nord. On peut facilement même, par ce moyen, engraisser un mouton en six semaines.

BETTERAVES, NAVETS. — Avec ces racines, il faut au moins quatre mois d'engrais.

TOPINAMBOURS, POMMES DE TERRE, RUTABAGAS. — Un mouton s'engraisse très-bien en deux mois avec ces racines et quelquefois même en six semaines, à raison de 3 kil. par jour, plus 250 grammes de foin et 250 grammes de paille. On donne ordinairement la pomme de terre cuite, et on ajoute chaque jour aux racines 8 grammes de sel par mouton.

AVOINE, ORGE. — Il peut y avoir avantage à donner aux moutons à l'engrais 1 litre d'orge ou d'avoine, mouillées plusieurs heures dans l'eau, dans les quinze derniers jours de l'engrais.

SOINS DANS L'ENGRAIS. — On doit garantir les moutons tout à la fois de la pluie, de la chaleur et du froid.

FIN DE L'ENGRAIS. — L'animal est bon pour la boucherie quand les côtes et le dos sont gras, et surtout lorsque la queue a atteint la grosseur du poignet.

ENGRAIS D'HIVER. — Les moutons maigres se vendent moins cher au commencement de l'hiver qu'au printemps ; et les moutons gras se vendent plus cher pendant l'hiver que l'été. De là, l'avantage de cultiver des racines et de les faire consommer à des moutons.

TOURTEAUX. — Les tourteaux de lin, de colza, d'œillette sont excellents pour l'engrais des moutons dans les huit ou quinze derniers jours. Ils ont pour effet de ballonner le ventre de ces animaux.

ACCROISSEMENT. — Un mouton d'engrais augmente, par jour, de 150 à 250 grammes, selon les races petites ou grandes.

VIANDE NET. — Le mouton donne en viande de 50 à 60 p. 100 de son poids vif, selon les races.

ENGRAIS D'AGNEAUX. — On engraisse avec avantage des agneaux de six semaines au moyen de son, de graines et farines. Un agneau de six mois peut augmenter chaque jour de 300 à 350 grammes.

FOIN, VIANDE. — En général, on calcule que 20 kil. de foin peuvent produire chez le mouton 1 kil. de viande, plus 1 kil. de laine longue. 50 kil. de foin produisent 1 kil. de laine fine.

8.

BÉNÉFICES DIVERS. — L'éminent agriculteur M. Dailly, à Trappe, a engraissé en quatre-vingt-sept jours un mouton avec 50 kil. de regain, 372 kil. de résidus de betteraves, 26 kil. de paille, 14 kil. de foin et 1 kil. de sel. Le tout est équivalent à 200 kil. de foin. Ce mouton augmenta de 8 kil. et fut vendu 15 fr. plus cher qu'il n'avait été acheté.

Un mouton anglo-mérinos, engraissé *en trente jours* et augmenté de 7 kil., avait consommé 30 kil. de trèfle, 15 kil. de paille, 90 kil. de résidus de pommes de terre et 300 grammes de sel.

M. Gobin, propriétaire-agriculteur à Dampierre (Loiret), a acheté cent trente-cinq moutons 3,589 fr. Il les a vendus gras 4,562 fr., laine comprise.

M. Barral, rédacteur du *Journal d'agriculture pratique*, recevait dernièrement une lettre d'un de ses abonnés du département de Seine-et-Marne. Cet agriculteur avait acheté dans la saison pour 22,000 fr. de moutons, qu'il avait revendus 29,600 fr. La betterave avait été la base de l'engrais, et l'on sait que la betterave n'est pas très-favorable à l'engrais du mouton. Toutefois, je dois dire que les moutons avaient reçu quelques grains en supplément.

Un agneau vendu à huit mois, un mouton acheté à dix mois et revendu à vingt, un mouton acheté à vingt mois et revendu à trente, et enfin un mouton acheté à trente mois et revendu à quarante donnent chacun un bénéfice qui varie de 8 à 15 fr. (laine comprise), cela s'entend de moutons pesant gras 45 à 50 kil.

Mais un mouton engraissé en deux ou trois mois donne un bénéfice qui varie de *6 à 10 fr.* (laine comprise).

Avec le système des racines et des fourrages hâtifs, on pourrait renouveler un troupeau quatre fois au moins dans une seule année, sinon cinq et six fois.

Troupeaux de choix. — M. Garnot, de Genouilly (Seine-et-Marne), vend ses agneaux de six mois 30 fr., à dix-huit mois 60 fr., et à trente mois 80 fr. Ses béliers donnent de 7 à 8 kil. de laine, et ses brebis 5 à 6 kil. Il a vendu, à Hambourg, un bélier 2,000 fr.

M. Bailleau-Lesueur, d'Illiers (Eure-et-Loir), vend ses béliers de vingt mois 500 à 3,000 fr., et ses brebis 300 à 1,000 fr.

J'en pourrais citer bien d'autres, célèbres dans les fastes des concours régionaux, pour montrer l'avantage que l'on peut avoir à élever des animaux de choix.

Malheureusement, tous les cultivateurs ne peuvent imiter d'aussi brillants exemples.

Toutefois, je crois avoir démontré suffisamment les bénéfices que l'on peut retirer de l'élevage ou de l'engrais des moutons les plus ordinaires.

Race porcine

Aucun animal ne donne autant de bénéfices que le cochon. Aucun n'arrive aussi vite et à si peu de frais à un état complet d'engraissement. Le porc est donc par excellence celui qui paye le plus cher la nourriture qu'il consomme.

Sa multiplication est telle qu'une truie, au bout de dix ans seulement, aurait donné naissance, elle et ses petits, à dix-huit ou dix-neuf millions d'individus; le calcul est d'ailleurs aisé à faire.

RACES FRANÇAISES. — Les races normandes, craonnaise, bretonne, limousine, et bien d'autres encore, donnent des produits d'un poids considérable, il est vrai, mais obtenu souvent à des conditions onéreuses. Toutes ces races manquent de précocité, et mangent par conséquent près du double de la consommation des races anglaises.

RACES ANGLAISES. — Les races du Berkshire, Yorkshire, Hampshire et New-Leicester, pour ne pas en citer une multitude d'autres, sont les plus précoces, les plus renommées et les plus précieuses.

Ces animaux pèsent à deux ans 250 kil. et atteignent ensuite un poids fabuleux, tout en ne mangeant pas plus (et bien souvent moins) que nos races françaises.

M. de la Tullaye a expérimenté que le kilo de viande revenait à 1 fr. 50 c. dans la race craonnaise, et à 50 c. seulement dans la race new-leicester.

CROISEMENTS. — Que chacun garde sa race, mais

qu'il l'améliore en la transformant peu à peu avec un verrat des races anglaises ci-dessus indiquées. On en trouve facilement à acheter maintenant en France, dans les fermes-écoles ou dans quelques exploitations modèles ; le prix n'en est pas même élevé.

Par ce croisement, vous aurez à un an des animaux pesant de 100 à 125 kil. Chacun peut se rendre compte du bénéfice qu'il en peut retirer dès cet âge.

DU CHOIX DES SUJETS. — On doit choisir un verrat et une truie aussi large que possible de cou, de poitrine, d'épaules, de reins et de croupe. Le dos doit être droit et non convexe, les jambes petites, peu élevées et fortement espacées. Ils auront l'un et l'autre au moins un an ; ils seront de nature à prendre un engraissement précoce. On évitera, toutefois, qu'ils soient trop gras tous deux, c'est une condition obligée pour obtenir de bons produits.

On s'arrangera de manière à ce que les petits naissent pendant l'été ou au printemps, et non pendant l'hiver, car les porcelets craignent beaucoup le froid.

La truie porte trois mois, trois semaines et même, dit-on, *trois jours*. Pendant sa gestation, elle sera entretenue en très-bon état, mais non en graisse. Elle doit être mise toute seule dans une loge huit jours avant qu'elle ne mette bas.

Chaque portée est en moyenne de six.

SEVRAGE. — Les petits sont allaités pendant sept semaines à deux mois. On les sèvre petit à petit en les tenant peu à peu éloignés de leur mère, et en tenant dans leur auge des boissons chaudes faites avec du lait, des farines, etc., etc. Ces boissons chaudes, dans lesquelles on mettra des racines cuites ou des grains cuits, seront très-avantageuses à la mère pendant la durée de l'allaitement. Huit ou douze jours après, les petits sont en état de manger des racines cuites. Ils doivent être castrés dans les quinze jours qui suivent leur naissance.

Trèfle, luzerne. — On peut entretenir les porcelets pendant six mois de l'année en leur donnant du vert dans leur étable, ou en les parquant sur les prairies mêmes, au moyen de claies, comme des moutons. Dans ce dernier cas, il suffit de les abriter sous une tente d'un mètre de hauteur ; de cette manière, ils seront préservés de la pluie, du froid et de l'ardeur du soleil. Un hectare de luzerne peut entretenir pendant six mois de vingt-cinq à trente-cinq cochons.

On peut leur donner à manger également certains fourrages hâtifs, tels que : le *colza*, la *navette*, les *vesces*, les *féverolles*, la *moutarde blanche*, qui les entretiennent seulement sans les engraisser.

Engrais. — C'est surtout l'hiver que l'on peut se livrer avec fruit à l'engraissement du porc, au moyen des racines. On les leur donne crues ou cuites.

Toutes les expériences faites jusqu'à ce jour prouvent que les racines cuites, telles que la betterave, la carotte, le navet, le panais et la pomme de terre, produisent *le double de graisse* à volume égal ; les racines données crues leur profitent donc moitié moins. La cuisson des racines exige malheureusement une dépense assez considérable de combustible ; toutefois, le cultivateur qui aurait chaque année une pièce de topinambours, ou de sorgho à balais, trouverait dans les tiges de ces plantes un combustible tout à fait économique.

Fermentation. — On engraisse aussi, plus difficilement il est vrai, au moyen des choux ; mais encore à la condition de les faire fermenter.

Beaucoup d'expériences ont été faites au sujet de la fermentation des racines crues ou cuites, et elles ont démontré l'avantage qu'il y avait à user de ce procédé, très-usité en Angleterre.

Grains. — Les effets de l'orge ou du seigle germés sont trop connus pour que j'aie besoin de les recommander aux éleveurs. Les graines germées ou fermentées ont, selon les chimistes, la propriété de renfermer pour le porc le double de substance nutritive.

Je trouve l'engrais trop coûteux par ce moyen, et je crois qu'on doit réserver ces grains pour les huit ou quinze derniers jours de l'engrais.

Topinambour. — S'il y a un moyen d'engrais économique pour l'hiver, c'est certainement celui-là.

Une truie portière s'entretiendra fort bien avec 10 kil. de ce tubercule; un porc engraissera vite avec 20 kil. par jour pendant trois ou quatre mois. Un seul hectare permettra d'engraisser 12 cochons au moins.

VARIÉTÉS D'ALIMENTS. — Un porc engraisse d'autant plus promptement qu'il mange davantage. Il mangera d'autant plus qu'on pourra lui varier ses aliments. Pour cela, c'est de lui donner d'abord des racines crues, ensuite de les lui donner cuites; il faut varier s'il est possible les différentes racines, et ajouter un peu de sel à ses aliments, environ 4 ou 5 grammes par jour.

Cet animal étant omnivore, il est inutile de dire qu'il fera toujours son profit et du petit lait, et des épluchures de légumes, et des eaux grasses, et des viandes trop avancées, et enfin des animaux de basse cour qui pourraient mourir.

MODE D'ÉLEVAGE. — Les uns entretiennent le plus grand nombre de truies portières, pour vendre les porcelets aussitôt après leur sevrage; d'autres préfèrent acheter de jeunes cochons au prix de 10 à 30 fr. pour les revendre 60 à 100 fr. quelques mois plus tard; enfin, plusieurs ont un certain nombre de truies, qui sont continuellement ou *nourrices* ou *portières*, et ils ne vendent leurs produits qu'au bout d'un an ou dix-huit mois, à l'époque où leurs animaux ne pourraient plus engraisser qu'avec une nourriture trop considérable et trop coûteuse.

Ce sont les marchés environnants qui doivent surtout fixer dans le choix du genre d'animaux à élever, et chacun en cela agira pour le mieux de ses intérêts.

Nombre de porcs a entretenir. — On doit entretenir ou engraisser autant d'animaux *au moins* qu'on a de vaches laitières; c'est le meilleur moyen d'écouler avantageusement tout le petit lait, dont on aurait difficilement à faire usage autrement.

Il y a des cultivateurs qui élèvent jusqu'à trois porcs pour une seule vache.

Propreté. — Bien que tout le monde n'accepte pas le cochon comme l'idéal de la propreté, il est cependant très-nécessaire de lui donner les plus grands soins à cet égard.

On leur tiendra donc toujours une partie de leur litière bien propre: je dis une partie, parce qu'ils ont l'habitude de faire leurs ordures dans l'endroit le moins rapproché de celui où ils couchent.

On fera parfaitement bien de mettre un peu de terre ou de sable sous leur litière; par là, on évitera la perte de leurs urines qui constituent un engrais des plus riches.

Une mare sera voisine de leur loge s'il est possible; ils aiment à se baigner lorsque la température est chaude. On a même remarqué qu'ils engraissaient plus promptement lorsqu'on les lave au savon.

Cour. — A leur loge doit correspondre une cour où ils puissent prendre leurs ébats. On fera bien de garnir cette cour de terre ou de sable aussi bien que leur loge.

On doit séparer les verrats des truies, et celles-ci des cochons moins avancés qu'elle en âge; autrement les faibles auraient à souffrir des forts, surtout au moment des repas.

Loge. — Leur loge ne doit être ni froide ni humide, sans cela les porcs pourraient gagner des rhumatismes ou la phthisie pulmonaire. Elle doit surtout avoir toutes ses ouvertures hermétiquement fermées dès qu'il fait froid.

Maladies. — Quand un porc perd l'appétit, il faut commencer par le purger en mêlant quelques pincées de soufre à ses aliments.

Diarrhée : pour la combattre, mêlez 4 ou 5 grammes de craie dans ses aliments.

Coliques, constipation : faire prendre de l'huile de lin, en la mettant dans son auge, environ 100 grammes; le porc l'avale volontiers.

Gale : Appliquer de l'onguent mercuriel.

Coup de sang, inflammation : saigner aux veines des oreilles en les pressant, soit aux veines du palais.

Dans les saignées plus abondantes, on ouvre la veine au côté de l'avant-bras. On tire de 50 à 900 grammes de sang, selon la taille de l'animal, et aussi surtout selon la gravité de la maladie.

Bouclement : tout porc que l'on conduit aux champs doit avoir une boucle au nez ; cette boucle se passe au nez de l'animal au moyen d'une alène.

BÉNÉFICES. — Les bénéfices sont assez variables, ils dépendent surtout de la nature de l'animal, de son âge, de son poids et de la nourriture qui lui a été donnée.

Les races françaises sont vendues à un an de 50 à 100 fr. ; mais croisées avec les races anglaises, elles sont vendues facilement de 100 à 125 fr selon le poids.

Aucun animal ne rapporte davantage et ne s'élève plus facilement. On ne peut donc que conseiller son élevage à tous les cultivateurs, comme une source de bénéfices.

Récapitulation du bétail

Aurez-vous dans votre exploitation des bœufs, des vaches, des veaux, des moutons et des porcs en égale proportion ?...

Où donnerez-vous la préférence, à l'un ou à l'autre ?...

Lesquels de ces animaux domineront dans votre faire-valoir ?...

C'est une question grave, délicate et difficile que vous ne pourrez résoudre qu'après vous être fort exactement rendu compte du prix payé par chacun de vos animaux pour la quantité de nourriture consommée.

Tout se réduit donc à savoir combien un bœuf, une vache, dix à douze moutons, deux ou trois porcs payent chez vous les 100 kil. de foin, les 300 kil. de paille, les 4 ou 500 kil. de racines, les 400 kil. de fourrages verts qu'ils consomment.

Celui qui paye le plus cher est tout naturellement celui que vous devez préférer, en tenant compte aussi des diverses facilités d'écoulement sur les marchés.

Vous ne pouvez vous rendre ce compte qu'au moyen d'une comptabilité scrupuleusement tenue. Et ici j'entre dans le vif de la question, dans le côté certainement le plus faible du cultivateur.

Capital d'exploitation

Le capital d'exploitation diffère beaucoup selon les pays. En Angleterre, il varie de 800 à 1,400 fr. par hectare ; en Belgique et en Flandre de 700 à 1,000 fr.; dans le reste de la France de 300 à 800 fr.

Il va sans dire que plus le capital est élevé plus

l'intérêt est progressivement considérable ; et pour mieux faire saisir cette différence, je vais présenter une ferme de 150 hectares exploitée avec un capital de 60,000 fr., à côté d'une autre ferme de 50 hectares exploitée avec le même capital de 60,000 fr.

Ferme de 150 hectares	*Ferme de 50 hectares*
Assolement triennal	**Assolement quinquennal ou plus**
CAPITAL VIVANT	CAPITAL VIVANT
12 chevaux à 600 fr. l'un. 7,200	6 chevaux à 600 fr. l'un. 3 600
25 vaches à 350 fr. l'une. 8,750	50 vaches à 500 fr. l'une. 25,000
300 moutons à 20 fr. l'un. 6,000	416 moutons à 20 fr. l'un 8,320
	(Ces moutons sont achetés maigres et revendus gras au bout de 3 mois.)
Cochons et volailles..... 300	Cochons et volailles.... 300
22,250	37,220
CAPITAL MORT	CAPITAL MORT
6 charrues à 80 fr. l'une.. 480	4 charrues à 80 fr. l'une. 320
Herses et rouleaux...... 600	Herses, rouleaux et houe à cheval............. 500
8 charret. et tombereaux. 3,000	4 charret. ou tombereaux 1,500
1 mach. à battre le grain. 800	1 pompe ou tonneau à purin 600
12 harnais............. 800	6 harnais............. 400
Ustensiles et instruments divers............... 1,000	Ustensiles et instruments divers.... 1,000
1 cabriolet et harnais. . 900	1 cabriolet et harnais... 900
1 cabane de berger..... 120	1 coupe-racines et 1 hache-paille........... 300
80 claies pour parcage de moutons............. 320	(Les moutons à l'engrais ne sont pas parqués l'hiver.)
8,020	5,520
FRAIS GÉNÉRAUX	FRAIS GÉNÉRAUX
Location de la ferme. 12,000 »	Location de la ferme... 4,000
Contributions...... 1,200 »	Contributions........ 400
5 charretiers ou valets de ferme (gages et nourriture). 3,500 »	3 charretiers ou valets de ferme (gages et nourriture).......... 2,100
A reporter .. 16,700 »	*A reporter* 12,020

Ferme de 150 hectares	*Ferme de 50 hectares*
Assolement triennal	**Assolement quinquennal ou plus**

Ferme de 150 hectares		Ferme de 50 hectares	
Report.. 16,700	»	*Report*..... 12,020	
2 servantes (gages et nourriture)....... 1,200	»	2 marquaires (gages et nourriture)... 1,400	
1 berger (gages et nourriture)...... 700	»	1 berger (pendant six mois seulement)...... 400	
....		1 servante (gages et nourriture).......... 600	
Ferrage et vétérin^re. 400	»	Ferrage et vétérinaire. 200	
Achat de semences diverses 8,000	»	Achat de semences div. 1,000	
Frais de récoltes .. 5,500	»	Frais de récoltes....... 3,000	
Amortissement , 15 p. 100 du prix des chevaux........ 1,080	»	Amortissement 15 p. 100 du prix des chevaux........... 540	
Amortissement 5 p. 100 du prix des vaches et des moutons, ou assurance contre la mortalité............. 737	50	Amortissement 5 p. 100 du prix des vaches et des moutons, ou assurance contre la mortalité............. 1,669	
Amortissement du capital mort, usure du matériel général, 15 p. 100.... 1,200	»	Amortissement du capital mort, usure du matériel, 15 p. 100.. 829	
Total des frais généraux............ 30,517	50	Total des frais généraux. 16,138	

RÉCAPITULATION

Capital viv^t.. 22,250	(cap. tot.)	
Capital mort. 8,020	60,787 fr.	
Frais génér.. 30,517		

Capital viv^t.. 37,222	(cap. tot.)	
Capital mort. 5,520	58,378 fr.	
Frais génér.. 16,138		

NOMBRE D'ANIMAUX

Têtes de gros bétail........ 75

Chiffre de fumier par an. 1,200,000 kil.

Quantité de fumier chaq. année à l'hectare.. .... 8,000 kil.

J'estime *trop largem.* à 8 têtes de gros bétail, les agneaux et jeunes cochons gardés quelques mois.

NOMBRE D'ANIMAUX

Têtes de gros bétail....... 80

Chiffre de fumier par an. 1,280,000 kil.

Quantité de fumier chaq. année à l'hectare...... 25,200 kil.

Pour mémoire, *17 hectares fumés avec le purin seul* des animaux.

Ferme de 150 hectares

—

Assolement triennal

PRODUITS

50 hectares de froment produisant chacun 19 hectolitres en
moyenne, à 17 fr. l'hectolitre ;
soit 950 hectolitres. 16,150 f.

Plus 150,000 kil. de
paille consommée
dans la ferme, *mém.*

50 hectares en orge,
seigle et avoine pro-
duisant chacun 25
hectolitres en moy.,
à 9 fr. l'hectolitre,
soit 1,250 hectolitr.,
dont il faut retran-
cher 438 hectolitres
pour la nourriture
des chevaux, soit
812 hectolitres 7,308

Plus 125,500 kil. de
paille... *mémoire.*

50 hectares de trèfle,
luzerne ou sainfoin
produisant chacun
5.000 kil. de foin,
soit 250,000 kil. de
foin consommé par
les animaux. *mém.*

Ferme de 50 hectares

—

Assolement quinquennal ou plus

PRODUITS

10 hectares de froment produisant chacun 30 hectolitres en
moyenne, à 17 fr. l'hectolitre, soit 300 hect.. 5,100 f.

Plus 45,000 kil. de
paille consommée
pour la nourriture
des bestiaux, *mém.*

10 hectares en orge,
seigle et avoine pro-
duisant chacun 40
hectol. en moyenne,
à 9 fr. l'hectolitre,
soit 400 hectolitres,
dont il faut retran-
cher 219 hectolitres
pour la nourriture
des chevaux ; les
181 hectolitres res-
tant pour l'engrais
des moutons, *mém.*

Plus 35,000 kil. de
paille... *mémoire.*

10 hectares de trèfle,
luzerne ou sainfoin
produisant chacun
8,000 kil. de foin,
soit 80,000 kil. de
foin consommé par
les animaux. *mém.*

9 hectares de bettera-
ves, disette, produi-
sant chacun 60,000
kil., soit 540,000 k.
consommés par les
vaches et les mou-
tons pendant 6 mois
d'hiver ; plus 1 hec-
tare de topinam-
bours ou de pommes
de terre, produisant
30,000 kil. de tu-

A reporter... 23,458 f. | A reporter... 5,100 f.

Ferme de 150 hectares	*Ferme de 50 hectares*
—	—
Assolement triennal	**Assolement quinquennal ou plus**
Report.... 23,458 f.	*Report...* 5,100 f.
	bercules, consommés par 12 porcs, *mémoire*
	10 hectares de fourrages verts hâtifs produisant chacun de 60 à 80,000 kil., soit 600,000 kil. seulement, consommés par les vaches pendant six mois d'été............. *mémoire*
	OBSERVATION. — S'il y avait eu 200,000 kil. de fourrages hâtifs en plus, ils auraient été consommˢ pʳ 600 moutons d'engrais, ou par 50 bœufs ou vaches.
25 vaches produisant chacune 2,000 litres de lait, à 10 cent. le litre.......... 5,000	50 vaches produisant chacune 3,000 litres de lait, à 10 c. le litre.......... 15,000
300 moutons, naissance, laine et croît, à 12 fr. par tête... 3,600	416 moutons gardés trois mois et renouvelés une fois, soit 832 moutons engraissés et vendus avec écart de 8 fr. par tête......... 6,656
12 porcs vendus jeunes, puisqu'on ne pouvait les engraisser.............. 480	12 porcs nés, nourris, engraissés dans la ferme, et vendus 100 fr. l'un...... 1,200
Volailles diverses.... 600	Volailles diverses.... 300
Total des produits. 33,138 f.	Total des produits. 28,256 f.
Frais généraux.... 30,517	Frais généraux.... 16,138
Bénéfices nets..... 2,621	Bénéfices nets..... 12,118 f.
OBSERVATIONS. — Ces chiffres n'ont pas besoin de commen-	OBSERVATIONS. — J'aurais pu porter 2,500 fr. de plus de

Ferme de 150 hectares	*Ferme de 50 hectares*

Assolement triennal	**Assolement quinquennal ou plus**

taires ; ils sont assez éloquents par eux-mêmes. Faites toute réforme de chiffres que vous voudrez, dans les frais aussi bien que dans les produits, vous aurez de la peine à faire plus de 5 p. 100 de votre capital répandu sur une trop grande surface. Il est vrai que dans les années où le blé se vend plus cher vous pouvez arriver à obtenir 8 et 10 p. 100 de votre capital ; mais ce sera encore à la condition que vous ayez cette moyenne de 19 hectolitres à l'hectare. Combien de cultivateurs qui n'ont que 17 et 15 hectolitres à l'hectare !

Quant à ceux qui obtiendraient un chiffre plus élevé, *ils abondent dans mon sens ;* car alors ils ont un capital plus considérable, davantage de bestiaux, plus de fumier ; ou, en d'autres termes, ils cultivent de la betterave ou tout autre racine aussi bien que des fourrages hâtifs.

produit net, pour des moutons engraissés avec le surplus des fourrages hâtifs ; j'ai préféré ne pas le faire pour ne pas paraître exagéré.

Il n'est pas question non plus de distillerie, car avec un capital de 8 ou 10,000 fr., j'aurais eu, malgré le bas prix actuel de l'alcool, 2,500 fr. de plus au chiffre des bénéfices nets.

OBJECTIONS. — On peut m'en faire beaucoup, je le sais, surtout par rapport au rendement *soi-disant exagéré* des récoltes ; mais je ferai remarquer *la quantité de fumier* produite... *le fumier seul* expliquera ces rendements, qui sont ceux des fermes flamandes en général.

J'ai voulu montrer qu'on peut non-seulement nourrir autant de têtes de gros bétail qu'on a d'hectares en culture, mais encore *moitié plus..* Le secret des grands bénéfices se trouve là seulement.

Diminuez d'ailleurs mes chiffres tant qu'il vous plaira, je ne crains pas la comparaison avec le produit des 150 hectares.

CONCLUSIONS DIVERSES. — C'est donc l'argent qui manque aux cultivateurs ; ces cultivateurs prennent des exploitations au-dessus de leur force.

Il ressort également de ceci qu'il n'est pas aussi onéreux qu'on a bien voulu le dire, d'emprunter pour l'agriculture à 6 et 7 p. 100. Déjà une banque agricole, organisée dans le département de Seine-et-Marne, prête aux cultivateurs à un intérêt modéré; mais il ne faut pas oublier que les courtes échéances du prêt ne peuvent convenir qu'aux cultivateurs se livrant à l'engrais des bestiaux. Néanmoins, il n'est pas douteux que des banques de ce genre ne s'organisent prochainement dans la plupart des départements, et même dans chaque canton.

Quant aux propriétaires eux-mêmes, il leur reste la ressource du *Crédit foncier* qui prête jusqu'à concurrence de la moitié de la valeur réelle d'un immeuble, moyennant des annuités de 6 à 8 p. 100 environ selon que l'emprunt est contracté à fonds perdus, pour 25 ou 50 ans.

En d'autres termes, 6 p. 100 payés pendant 50 ans, ou 8 p. 100 payés pendant 25 ans, vous rendent propriétaire réel du capital emprunté. Tout emprunteur est libre d'ailleurs de rembourser complétement ou d'anticiper sur les annuités. Mais dans le cas où une annuité ne serait pas payée, on est exproprié; ce qui est bien à considérer mûrement, pour prévenir tout malheur.

Il y a là cependant pour le propriétaire intelligent, faisant valoir par lui-même, un puissant moyen d'amélioration et de fortune s'il sait user convenablement du capital emprunté; et je suis étonné qu'il n'y en ait pas un plus grand nombre qui recourrent à ces emprunts que lui présente le Crédit foncier.

De la mise en pratique de ce système

Ce n'est pas du jour au lendemain que les cultivateurs vont modifier leur système de rotation, et doubler le nombre de leurs animaux de rente. Presque tous, d'ailleurs, manquent de capitaux nécessaires, aussi bien que de bâtiments suffisants à loger un tel accroissement de bestiaux.

Le fermier ou le métayer demandera à son propriétaire la construction d'une bergerie ou d'une étable en *pisé* ou *torchis* (ce qui n'est pas fort coûteux), et s'engagera à payer chaque année 5 ou 6 p. 100 en plus de son fermage, pour le petit capital dépensé dans la sus-dite construction.

Le propriétaire et le fermier y auront l'un et l'autre intérêt. L'INTÉRÊT, voilà le grand mot prononcé! Lorsqu'il est en jeu, il enfante des prodiges!

Celui qui fume assez mal deux ou trois hectares commencera par n'en fumer qu'un seul, mais abondammment, et il y gagnera ; *son intérêt le commande donc !* Sur ce sol bien fumé, il cultivera une racine, celle qui convient le mieux à la nature de ses terres.

L'hiver suivant, il entretiendra quelques génisses de plus, ou quelques jeunes moutons qu'il aura conservés ou achetés à cet effet; et il aura ainsi économisé une quantité notable de foin dont il aura le placement facile auprès des animaux dont se seront accrues ses étables. Encouragé par ce succès, il fera quelques fourrages hâtifs l'année suivante. C'est ainsi que d'années en années avec l'accroissement progressif du bétail, et conséquemment du fumier, s'accroîtra la fortune particulière du cultivateur.

Tout fermier manquant des fonds nécessaires devra de préférence mettre en prairies artificielles ou naturelles les terres qu'il ne peut abondamment fumer, puisqu'il est notoire que les prairies empruntent à l'air une partie de leur végétation. Il diminuera ainsi ses frais d'exploitation, tout en conservant au moins les mêmes bénéfices que s'il cultivait une plus grande étendue de céréales.

Au bout de quelques années, il aura ainsi passé petit à petit de la misère à l'aisance. L'aisance pourra le conduire plus tard à la richesse. Mais encore une fois, je ne vois que ce mode de culture pour arriver à ce but; c'est le système suivi jusqu'ici par tous les hommes intelligents dont les affaires agricoles sont en bonne voie; c'est en un mot le seul recommandé par les savants les plus éminents.

Comptabilité agricole

Combien y a-t-il de cultivateurs sans comptabilité aucune ? Le nombre en est effrayant ! Et cependant, sans comptabilité, vous n'y verrez jamais clair.

Pour qu'une ferme soit bien tenue, il faut cinq

registres : celui de la caisse, celui des magasins, celui des attelages, celui de la main-d'œuvre, et enfin celui du ménage.

Cela vous effraye, cinq registres ! Mais à ceux que je viens de mentionner, quelques agriculteurs ajoutent encore des registres particuliers à l'écurie, à l'étable, à la bergerie, à la porcherie, aux volailles, aux fumiers, aux pièces de terre et à la distillerie enfin, si on se livre à ce genre d'industrie.

Vous répondrez à cela que vous n'avez pas le temps de faire tant d'écritures, et encore moins le désir de payer un comptable tout exprès pour remplir cet office. C'est fâcheux, très-fâcheux ! Mais enfin je comprends que sur une petite exploitation on ne veuille pas ajouter encore à ses frais ceux occasionnés par un teneur de livres.

Cependant vous, ou votre femme, ou l'un de vos enfants, devez absolument consacrer quelques instants chaque jour à tenir vos livres en règle ; c'est le seul moyen de pouvoir vous rendre compte de votre situation bonne ou mauvaise, et de connaître bien au juste les animaux que vous avez le plus de profit à élever ou engraisser.

CAISSE. — Toute dépense d'argent faite au marché, achat d'animaux, d'engrais, de provisions, d'ustensiles ou instruments aratoires, tout payement fait pour gages de domestiques, journées d'ouvriers, assurances, contributions, terme payé au propriétaire, argent remis au maréchal, charron, bourrelier, maçon, couvreur, charpentier, tout ce qui sort de votre caisse ou de votre poche doit figurer sur une feuille du registre que nous appellerons *avoir* ou bien *dépenses*; vous indiquerez sur cette feuille le quantième du mois, et mentionnerez le sujet de la dépense.

Sur la feuille voisine, que nous appellerons *doit* ou *recettes*, vous mentionnerez, toujours en précisant la date, toute somme, ou tout billet à ordre ou autre que vous recevrez pour vente de céréales, de bestiaux, de beurre, de fromage, de lait, de volailles, etc., etc., et cela mois par mois, en ayant bien soin d'écrire les chiffres distinctement, les centimes sous les centimes, les unités sous les unités, les dizaines sous les dizaines, etc., etc.

A la fin du mois, le dernier jour, vous additionnez tous les chiffres qui constituent les dépenses, et écrivez le total au-dessous; vous agissez de même pour le côté qui représente les recettes, et vous obtenez ainsi mois par mois deux sommes différentes, celle des dépenses et celle des recettes. Au bout de l'année, vous additionnez l'ensemble des douze mois de dépenses et l'ensemble des douze mois de recettes. Si le chiffre des recettes dépasse celui des dépenses, vous calculez de combien est le surplus. Ce surplus constitue *votre bénéfice net*, et vous examinez si ce qui vous reste en caisse est exact.

Si vos bénéfices ne sont pas ceux que vous attendiez, c'est à vous d'examiner, mois par mois, toutes les dépenses inutiles, ou trop considérables, ou pas suffisamment judicieuses.

C'est là-dessus que vous baserez vos réformes, s'il y a lieu.

Magasins. — Une page ou un côté pour les *entrées*, et l'autre page pour les *sorties*. Ainsi, tant de blé engrangé ou battu, tant d'avoine de seigle ou d'orge, tant de milliers de foin, tant de milliers de racines, tant de litres de lait, etc., tout cela figurera aux *entrées* au fur et à mesure des récoltes.

Sur le côté ou la page que nous appellerons *sortie*, vous mentionnerez exactement chaque jour la quantité de oin, paille, graines, racines donnés à vos bestiaux, comme aussi la quantité de céréales, laitage vendus ou consommés d'une manière ou d'une autre. Vous pourriez avoir une page pour les céréales, une autre pour les fourrages, etc., etc., afin de vous y reconnaître plus aisément.

Je crois inutile de continuer l'explication des autres registres.

Je me bornerai donc à conseiller, avant tout, et surtout, *la bonne tenue du livre de caisse* qui est essentielle.

Achat et vente, consommation. — Enfin, ayez au moins un livre où vous mentionnerez le prix d'achat de tel ou tel animal, son prix de vente, et la quantité de foin, de paille, fourrages verts, racines ou graines qu'il a consommés, puisque la différence du prix d'achat d'avec le prix de vente doit constituer *votre bénéfice* ou *votre perte*.

Inventaire. — Au commencement de chaque année, vous inscrirez sur votre livre de caisse, *et à part*, le nombre des chevaux et de chacun de vos bestiaux, avec leur âge et leur prix probable (sans exagération), le nombre de vos charrettes, harnais, charrues, ustensiles aratoires et divers autres instruments.

L'année d'après vous recommencerez votre inventaire, et verrez ainsi d'une année à l'autre si votre capital matériel augmente ou diminue.

Je le répète encore, il n'y a pas d'autres moyens pour voir d'un seul coup d'œil si vous êtes dans une voie prospère ou sur la pente de la ruine.

Si vous êtes dans une voie prospère, il s'agit pour vous de savoir si votre situation ne peut devenir meilleure encore, et par quel moyen.

Enfin, ce que vous devez connaître avant tout, c'est le nombre de chevaux, de journées d'hommes employés pour la culture et la récolte de chaque hectare de racines, fourrages, céréales, etc., etc., en y ajoutant le prix du fumier ou des engrais commerciaux employés, afin de savoir le prix de revient des 100 kil. ou de l'hectolitre.

Ce n'est que d'après le revient de chaque culture que l'on peut voir s'il y a avantage à la continuer et à l'améliorer.

Voici un spécimen de comptabilité pour la culture; j'ai inscrit sur une colonne les valeurs qui ne sortent pas de la bourse, et une autre colonne les dépenses en argent.

BETTERAVE (*année 1865*) SUCCÉDANT A UNE AVOINE

(Indiquer le nom de la pièce, sa contenance et, si c'était une céréale ou un fourrage qui précédait ; si la terre est forte ou légère.)

Je suppose l'étendue d'un heetare.   DÉPENSES.

Engrais laissé dans le sol par la céréale précédente...	» f. » c.	
Fumure donnée en décembre, 30,000 k., à 10 fr. les 1,000 kil., plus 2 fr. par voiture, soit 15 voitures...........................	330 »	
Labour pour enfouir le fumier........	15 »	
Labour profond donné après l'hiver...	25 »	
Labour préparatoire..................	15 »	
Hersage et roulage..................	10 »	
Buttage, plombage et roulage des lignes.	4 50	
Semence, 5 kil. à 1 fr. 60 c........		8 fr.
Semailles et couverture de la semence au râteau...............................	2 10	
Trois binages à la houe à cheval......	8 40	
Un deuxième buttage pour rechausser les plants........	3 »	
Deux sarclages donnés par des hommes de journée à 5 semaines de distance............		45
Éclaircir et espacer les plants................		10
Irrigation au purin, 72 hectolitres à 1 fr.	72 »	
Récolte de 50,000 kil. de betteraves arrachées, décolletées et chargées................		40 »
Transport aux bâtiments, caves, granges ou silos...	25 »	
Division des betteraves en tranches, ou intérêt et amortissement du prix d'un coupe-racines.....	5 »	
Location du sol et des bâtiments ainsi que les contributions.....................		90

Total..	515 »	193
Total général.........	708 fr.	

PRODUIT : 6,000 kil. de feuilles vertes, consommées par les bestiaux.......... 48 f. » c.

(Comme les betteraves n'ont pas absorbé tout le fumier, on peut en porter 5,000 k. à l'avoir............................. 50 »

Ces 5,000 kil. devront figurer aux dépenses pour la céréale ou toute autre culture qui suivra celle de la betterave.)

Si on vend les betteraves à une sucrerie ou distillerie, il faut en porter le prix ainsi : 50,000 kil. à 20 fr. le 1,000................. 1,000 fr.

Total................... 98 » 1,000

Total général......... 1,098 fr.

Bénéfice net........... 390 fr.

RECETTES.

(Si on rachète les pulpes, le prix en est porté sur un autre registre aux *dépenses*.)

Si la betterave doit être consommée par vos bestiaux sans être vendue, il ne vous reste plus qu'à connaître le prix de revient des 100 kil.

En retranchant 98 fr. de 708, vous aurez 610 fr. pour prix des 50,000 kil., soit 12 fr. 20 c. les 1,000 kil.

Il n'y a que ce moyen de se rendre compte exactement de ses dépenses et de ses bénéfices réels.

Ce compte de betterave suffit pour montrer comment on doit procéder pour toute autre culture ; ainsi pour le compte céréales, vous inscrivez la quantité de paille récoltée sur la colonne gauche, celle dont les profits n'entrent pas immédiatement dans la caisse. Du reste, la plupart n'écrivent tous leurs chiffres que sur une seule colonne.

La page concernant les produits ou recettes doit

être vis-à-vis, c'est-à-dire en regard de celle concernant les dépenses.

Distillerie

Les racines produisent un jus qui, par le moyen de la fermentation, donne une certaine quantité d'alcool.

La distillation consiste à réduire les jus à l'état de vapeur ; cette vapeur condensée par le refroidissement prend le nom d'alcool.

Toute distillerie comprend trois appareils principaux : le premier pour la préparation des racines ; le deuxième pour la fermentation ; le troisième pour la distillation proprement dite.

L'alcool n'est qu'une transformation de la matière sucrée, et exige pour se dégager une température de 80 à 90 degrés.

Une distillerie convient à toute grande ou moyenne exploitation. Par *moyenne*, j'entends un faire-valoir de 100 hectares.

Une distillerie donne le moyen de retirer des racines la plus grande somme de bénéfices. Au prix très-bas où est actuellement l'alcool à 90 degrés (60 fr.), une récolte ordinaire de betteraves, de topinambours, de panais ou de pommes de terre vous permet de retirer par hectare une somme de 700 à 1,000 fr., dont il faut défalquer 200 ou 300 fr. au plus (selon le système de distillerie) pour les frais d'alcoolisation. Reste donc un bénéfice de 400 à 700 fr., plus une certaine quantité de pulpes, évaluée ordinairement à 10 fr. les 1,000 kil. Pour 30,000 kil. de pulpes, cela ferait 300 fr., soit en tout de 700 à 1,000 fr. par hectare.

Il y a plusieurs systèmes de distillerie. Chacun d'eux diffère plus ou moins par les moyens employés et surtout par la somme de pulpes laissées après l'opération.

La plus grande quantité de pulpes à obtenir est le point essentiel en agriculture.

Outre les distilleries allemandes et anglaises, nous avons en France les procédés DUBRUNFAUT, EGROT-DUPLAIS, FRANCK, LACAMBRE, KESSLER, LEPLAY et CHAMPONNOIS.

Il me faudrait un volume pour analyser chacun de ces systèmes ; je me bornerai à indiquer sommairement les différences sensibles existant entre les procédés Kessler, Leplay et Champonnois.

PROCÉDÉ KESSLER. — M. Kessler réduit les racines en pulpes ou purée au moyen de la râpe, et extrait ensuite à froid sur un filtre les jus ou vinasses ; l'alcool est produit dans des appareils à distillation continue. Les pulpes ou résidus sont crus.

PROCÉDÉ LEPLAY. — M. Leplay n'opère aucune extraction et réduit les racines en rubans ou cossettes au moyen d'un coupe-racine ; il soumet ensuite directement à la distillation les cossettes fermentées. Ses appareils sont à distillation continue et spéciaux à tous liquides engagés dans des matières solides. Les pulpes sont cuites par la vapeur à deux ou trois atmosphères.

PROCÉDÉ CHAMPONNOIS. -- M. Champonnois réduit les racines en rubans, au moyen du coupe-racine, et fait macérer ces rubans dans un bain de vinasses chaudes qui se substituent au jus, en n'enlevant que la partie sucrée.

Les appareils sont à distillation continue ; l'opération se fait par dédoublement et renouvellement des cuves, en ajoutant de nouveaux jus aux jus fermentés. Les pulpes sont amorties par un séjour de douze heures dans un bain à 70 ou 75 degrés.

Sans vouloir, bien entendu, me prononcer en quoi que ce soit sur le mérite de chacun de ces divers systèmes, je dirai cependant que M. Champonnois a déjà vendu quatre cent dix usines à l'agriculture, et que son procédé laisse la plus grande somme de pulpes, c'est-à-dire 75 à 80 p. 100.

PULPES. — Les résidus de distillerie sont non-seulement aussi riches en principes nutritifs que les racines elles-mêmes, mais j'ajouterai encore qu'ils sont de beaucoup préférables par la raison qu'ils sont moins froids et qu'ils sont cuits ou amortis par leur séjour dans des bains chauds.

La pulpe contient les pellicules, la cellulose, la

matière azotée, l'amidon, la dextrine, la glucose des racines, ainsi que toutes leurs parties minérales ; la matière sucrée seule en est extraite. La pulpe est donc une nourriture précieuse pour le bétail, soit qu'on veuille l'entretenir ou l'engraisser, et le fumier obtenu par ces résidus contient absolument les parties minérales dont le sol a été épuisé par la récolte de racines ; cet épuisement du sol cesse par ce même fumier qui lui est rendu avec les mêmes éléments.

Des expériences nombreuses ont été faites sur des bestiaux pour se rendre compte de ce qui leur convenait le mieux, comme entretien ou engrais, de la racine crue ou des résidus de cette racine, et l'avantage est toujours resté en faveur de la pulpe, et comme entretien, et comme engrais, et comme augmentation de lait.

Les racines sont froides, aqueuses, et les résidus sont au contraire un peu échauffants. Ces derniers sont préférés par les animaux.

Les résidus se conservent parfaitement dans des silos, pourvu qu'ils y soient fortement tassés.

Ordinairement, on les donne mêlés à de la paille et du foin hâchés ; et on a remarqué que la paille, lorsqu'elle avait fermenté vingt-quatre à trente-six heures dans les résidus, devenait beaucoup plus nutritive et profitable pour les bestiaux. C'est au point que plusieurs cultivateurs regardent, quant à l'engrais, 1 kil. de paille fermentée égal à 3 kil. non fermentée. Toutefois, il paraît inutile de laisser fermenter le foin, qui perdrait ainsi toute sa saveur, si appréciée des animaux.

Un avantage important d'une distillerie est de pouvoir mettre en mouvement par la machine à vapeur les hache-paille, les concasseurs et les machines à battre.

Une distillerie traitant par vingt-quatre heures 5,000 kil. de racines et donnant 4 hectolitres d'alcool à 50 degrés par jour permet d'entretenir ou d'engraisser pendant deux cents jours cent vingt à cent soixante têtes de gros bétail, avec addition de 1,500 kil. de fourrages hachés par jour.

En supposant qu'une petite exploitation ne pût fournir toute la quantité de racines désirable, il serait facile de passer un traité avec des cultivateurs voisins, afin d'obtenir d'eux un nombre déterminé de betteraves ; distillateur et cultivateur y trouveraient chacun LEUR INTÉRÊT.

Sucreries

On s'occupe beaucoup dans ce moment d'installer des sucreries agricoles. Déjà deux de ces usines ont commencé à fonctionner, mais il faut attendre que les hommes compétents en aient fait connaître les résultats.

Tout le monde sait que la betterave donne un produit beaucoup plus élevé en sucre qu'en alcool, et ce serait un grand bienfait pour l'agriculture si les sucreries arrivaient à pénétrer chez elle.

Conclusion générale

L'agriculture est tout à la fois une industrie et une science. Cette industrie est peut-être la plus avantageuse entre toutes, à la condition toutefois d'y apporter les lumières et les capitaux suffisants.

Le capital agricole est donc employé et disséminé sur de trop vastes espaces. Il y a plus de bénéfice à ne cultiver qu'une petite superficie de la manière indiquée, que d'exploiter une plus grande étendue d'une manière défectueuse ou imparfaite.

Le sol doit recevoir le double et même le triple des engrais ordinaires pour obtenir des récoltes abondantes, les seules qui puissent abaisser le *prix de revient*, et par conséquent payer largement le cultivateur de ses avances.

Le libre échange n'est pour rien dans le malaise actuel.

Bref, celui qui cultive mal 30 hectares commencera par en cultiver 10 ou 12 de la manière la plus parfaite, les 20 autres hectares seront convertis en prairies artificielles ou naturelles ; avec ce système, on pourra chaque année augmenter *la culture parfaite* de 1 à 2 hectares, et progressivement ainsi on arrivera à l'aisance et à la fortune.

Je m'attends, certes, à rencontrer bien des incrédules ; ceux-là, je ne puis que les prier de lire et méditer mûrement la comparaison que je fais plus haut entre l'exploitation de 150 hectares et celle de 50, avec un capital semblable.

Serai-je compris?... Je l'espère.

Je me mets d'ailleurs à la disposition de celui ou de ceux qui voudraient monter une grande exploitation dans les conditions que j'ai présentées, et je promets alors la réalisation complète de tout ce que j'ai avancé.

TABLE

—

Evreux, A. Hérissey, imp.— 1165.

BIBLIOTHÈQUE

DE L'AGRICULTEUR PRATICIEN

Encouragée par S. Exc. le Ministre de l'Agriculture

Abeilles (*Culture des*), par l'abbé Floquet, 1 vol. in-18.　　1 fr.

Abeilles. Leur éducation, par A. Espanet. In-18.　　40 c.

Abeilles. — Le Guide du propriétaire d'abeilles, par l'abbé Collin. 3e édit. 1 vol. in-18 et 2 planches.　　2 50

Agriculteur praticien (*L'*), *Revue de l'agriculture française et étrangère*, 13e année. Prix de l'abonnement.　　6 fr.

Agriculture primaire, ou *Lecture courante à l'usage des Ecoles rurales*, par Hallez d'Arros, 5e éd., In-18 figures.　　60 c.
Cet ouvrage est approuvé par le Conseil supérieur de l'Instruction publique.

Alcoolisation générale (*Traité complet d'*). Guide du fabricant d'alcools, etc., etc., par N. Basset. 1 vol. in-18, 2e édit.　　6 fr.

Almanach de l'Agriculteur praticien pour 1866, 10e année. 1 vol. in-18 avec de nombreuses fig.　　50 c.

Les années 1857 à 1865 chaque.　　50 c.

Analyse chimique appliquée à l'agriculture (*Notions élémentaires d'*), par Isidore Pierre. 1 vol. in-18 avec fig.　　2 50
Approuvé par la Commission des Bibliothèques scolaires.

Basse-Cour. — Poules, Oies, Canards, Pintades, Dindons, Pigeons, par le baron Peers, 2e édit. 1 vol. in-18 et planches.　　1 75

Basse-Cour et Lapin. —Traité complet de l'élève et de l'engraissement des animaux de basse-cour et du lapin, par Ysabeau. 1 vol. in-18.　75 c.

Bétail. — De l'alimentation du bétail aux points de vue de la production, du travail, de la viande, de la graisse, de la laine, du lait et des engrais, par Isidore Pierre. 3e édit. 1 vol. in-18.　　2 50

Bêtes bovines, par Weckherlin, 1 vol. in-18.　　3 50

Bêtes ovines, par Weckherlin, 1 vol. in-18.　　3 50

Bêtes ovines (*Des*) et des **Chèvres**, par Ysabeau. 1 vol. in-18, fig. 75 c.

Betterave. — Traité pratique de la culture et de l'alcoolisation de la betterave, par N. Basset. 1 vol. in-18, 2e édit.　　2 fr.

Céréales. — Etudes comparées sur la culture des céréales, des plantes fourragères et industrielles, par Isid. Pierre. 1 vol. in-18.　2 50

Chaux, Marne et Calcaires coquilliers. Leur emploi pour l'amendement du sol, par Isidore Pierre. In-18. 2e édition.　　50 c.

Comptabilité agricole. — Notions pratiques sur la comptabilité agricole en partie simple et en partie double, à l'usage des cultivateurs, des fermiers, des propriétaires, etc., par J. Schneider. In-18.　　1 fr.

AVIS.—Pour recevoir *franco* les ouvrages détaillés ci-dessus et ci-contre, il suffit de joindre à la demande un *mandat-poste* et non des cachets d'affranchissement, ces derniers n'arrivant pas toujours à destination.

Cultivateur anglais (*Le*), Théorie et pratique de l'agriculture, par Murphy, trad. de l'anglais sur la 5e édit. par Sanrey. In-18. Fig. 1 50

Culture progressive. — La fortune par la culture progressive; bénéfice net : 15 à 20 p .100 du capital d'exploitation, par de Trimond, 1 vol. in 18. 1 25

Dindons et Pintades, par Mariot-Didieux. 1 vol. in-18. 75 c.

Drainage. L'art de tracer et d'établir les drains, par Grandvoinnet, 1 vol. in-18 avec 160 figures. 3 fr.

Drainage. Résumé d'un cours pour les cultivateurs, par Hernoux, ingénieur. In-18, fig. 1 fr.

Drainage. — Traité de Drainage, ou Essai théorique et pratigue sur l'assainissement des terrains humides, par J. Leclerc. 3e édit. 1 vol. in-18 orné de 130 fig. 3 50

Engrais de commerce. — Guide pratique du cultivateur pour le choix, l'achat et l'emploi des engrais de commerce. Origine, composition, valeur, effets, durée, modes d'emploi, prix, garanties, recours en cas de fraude, etc., par A. Dudouy. 1 vol. in-18 avec fig. 2 50

Engrais en général (*Des*), suivi de la manière de traiter les matières fécales, par Greff. 2e édit. In-18. Fig. 50 c.

Engrais et Amendements; *Fumiers de ferme et Composts*, par Fouquet. 2e édit. 2 vol. in-18. 2 50

Fourrages. — Recherches sur la valeur nutritive des fourrages, par Isidore Pierre. 1 vol. in-18, 3e édit. 2 50

Fumier. — Plâtrage et sulfatage des fumiers, et désinfection des vidanges, par Isidore Pierre. In-18. 2e édit. 50 c.

Fumier de ferme (*Le*) élevé à sa plus haute puissance de fertilisation et n'étant plus insalubre, par Quenard. In-18, 2e édit. 1 25

Guano du Pérou (*Le*), comp., falsif., emploi et effets de cet engr. 30 c.

Instruments aratoires (*Des*) **et des travaux des champs**, par Ysabeau. 1 vol. in-18, fig. 75 c.

Irrigation (*Manuel d'*), par Deby. In-18 avec 100 fig. 1 50

Irrigations. — Petit Traité des irrigations, par James Donald, trad. par A. de Frarière. In-18 avec fig. 50 c.

Lapin domestique. — Traité pratique de l'éducation du lapin domestique, par le F. Alexis Espanet. 4e édit. 1 vol. in-18 avec fig. 1 fr.

Laiterie. — Notions pratiques sur l'art de faire le beurre et de fabriquer les fromages, etc., par A. de Thier. 1 vol. in-18 avec fig. 75 c.

Maïs. Alcoolisation des tiges du maïs et du **Sorgho sucré. Alcool.** — Cidre. — Bière. — Vins artificiels, par Duret, chimiste. In-18. 75 c.

Médecine vétérinaire. — Manuel de médecine vétérinaire, par Verheyen, Defays et Husson. 1 vol. in-18. 2 50

Pigeons de colombier et de volière (*Guide de l'éleveur de*), par Mariot-Didieux. In-18. 75 c.

Pigeons (*De l'éducation des*), **Oiseaux** de luxe, de volière et de cage, par A. Espanet. 2e édit. 1 vol. in-18 avec fig. 1 fr.

Plantes fourragères (*Traité pratique de la culture des*), par de Thier. 2e édit. revue et augmentée par A. Leroy. 1 vol. in-18. 1 fr.

Porcs. — Du traitement des porcs aux différentes époques de l'année. Extrait des meilleurs ouvrages anglais, par J. A. G. In-18 avec 32 fig. 1 25

Porcheries. — De l'établissement des porcheries, dispositions diverses, construction, par Grandvoinnet. 1 vol. in-18 avec 95 fig. 2 50

Poules (*De l'éducation des*) **Dindes, Oies et Canards**, par le F. Alexis Espanet. 1 vol. in-18. 1 fr.

Races bovines (*De l'amélioration des*) en France, et particulièrement dans les départements de l'Est, par Saint-Ferjeux. 2e édit. 1 fr.

Récoltes dérobées (*Des*), comme fourrages et engrais verts, et culture de la *Moutarde blanche*, trad. de l'angl. par J. A. G. In-18. Fig.   75 c.

Sang de rate des animaux d'espèce ovine et bovine, par Isidore Pierre. In-18.   1 fr.

Semailles en ligne (*Des*) **et des Semoirs mécaniques**, par F. Georges. In-8. (Extrait de l'*Agriculteur praticien*.)   50 c.

Sorgho à sucre (*Guide du distillateur du*), par F. Bourdais. In-8. 1 fr.

Stabulation (*De la*) **de l'espèce bovine**, par le baron Peers. 1 vol. in-18.   1 25

Topinambour. — Culture, alcoolisation et panification de ce tubercule, par Delbetz. 1 vol. in-18.   1 25

Végétaux (*de la nutrition des*) considérée dans ses rapports avec les assolements, par le baron de Babo. 1 vol. in-18.   1 fr.

Vers à soie (*Guide de l'éleveur de*), par MM. Guérin-Méneville et Eugène Robert. 1 vol. in-18 avec figures.   75 c.

Vigne (*Nouvelle Culture de la*) en plein champ, sans échalas ni attaches. par Trouillet. 4e édit. in-18 avec 15 gravures.   2 50

Vigne (*Régénération de la*) par une nouvelle plantation, par E. Trouillet. 2e édit. in-18.   75 c.

Vin. — Traité de la fabrication du vin, de son gouvernement et de sa conservation, par Louis Tavernier, rédacteur en chef du *Moniteur vinicole*. 1 vol. in-18.   2 50

Vinification. — Traité pratique de vinification, par E. Ray. 2e édit. 1 vol. in-18   1 25

Visite à un véritable agriculteur praticien, par Durand-Savoyat, propriétaire-cultivateur. 1 vol. in-18.   1 25

BIBLIOTHÈQUE

DE L'HORTICULTEUR PRATICIEN

Encouragée par S. Exc. le Ministre de l'Agriculture

Almanach du Jardinier-Fleuriste pour 1866, suivi de notes sur le jardin potager, 12e année. 1 vol. in-18 avec fig. dans le texte.   50 c.
Les années 1859, 1860, 1861, 1863, 1864 et 1865, chaque   50 c.

Arboriculture (*L'*) **des Écoles primaires**, ou Notions d'arboriculture fruitière mises à la portée des enfants, par J. Brémond. 2e édit., 1 vol. in-18 et atlas.   1 50
Ouvrage approuvé par la Commission des Bibliothèques scolaires

Arboriculture. — Notions préliminaires d'arboriculture à la portée de tout le monde, par E. Trouillet. 2e édit., in-18 orné de 21 fig. 1 fr.

Arbres fruitiers (*Des*) **et de la Vigne**, par Ysabeau, 1 vol. in-18. 75 c.

Arbres fruitiers et de la Vigne (*Nouvelle méthode de la taille des*), par Picot-Amette. 3e édit. 1 vol. in-18 orné de 37 grav. dans le texte. 1 50

Arbres fruitiers — Instructions élémentaires sur la taille des arbres fruitiers, par Lachaume. 1 vol. in-18 orné de 20 fig.   1 fr.

Arbres fruitiers (*Les*), Manuel populaire de culture, marcottage, bouturage, greffage et taille, par Joigneaux. 1 vol. in-18 orné de 111 gr. 2 50

Arbres fruitiers. — Manuel théorique et pratique de la culture forcée des arbres fruitiers, comprenant tout ce qui concerne l'art de faire mûrir leurs fruits hors de saison, par Pynaert. 1 vol. in-18 orné de 12 fig. 5 fr.

Ouvrage couronné par la Société impériale d'horticulture de Paris

Asperges.— Instructions pratiques sur la plantation des asperges, par Bossin. 2e édition. 1 vol. in-18.   75 c.

Bouturer. greffer, marcotter et semer (*Guide pour*) les plantes d'ornement, annuelles ou vivaces, arbres et arbustes, extrait en partie du Jardin fleuriste, par Ch. Lemaire et Lequien. in-18 orné de 35 fig. 1 fr.

Champignons. — Culture des champignons, avec l'indication d'une nouvelle méthode pour en obtenir en tous lieux par l'emploi de la mousse. suivi d'une nomenclature des champignons comestibles et vénéneux, par Salle. 2e édit. 1 vol. in-18, fig. dans le texte.   1 fr.

Fuchsia.— Histoire et culture du fuchsia, suivies de la description de 540 espèces et variétés, par F. Porcher. 1 vol. in 18. 3e édit.   2 fr. 25

Fraises. — Les Bonnes Fraises. Manière de les cultiver pour les avoir au maximum de beauté, suivi d'un calendrier indiquant les travaux à faire dans une fraisière pendant les douze mois de l'année, par Ferdinand Gloede. 1 vol. in-18 orné de figures.   2 fr.

Fraisier, sa botanique, son histoire, sa culture, par le comte Léonce de Lambertye. 1 vol. in-8.   5 fr.

Ouvrage couronné par les Sociétés d'horticulture de Bordeaux. Paris, Reims, Rouen, Tours, etc.

Fruits et légumes de primeur — Traité général de la culture forcée par le thermosiphon des fruits et légumes de primeur, par le comte Léonce de Lambertye.

Cet ouvrage sera publié en six livraisons de 48 pages in-8o.

Prix de chaque livraison.   1 25

        Les livraisons seront ainsi composées.

Melon et Concombre, 1 livr.; — **Ananas,** 1 livr.; — **Vigne,** 1 livr.; — **Fraisier,** 1 livr.; — **Groseillier, Framboisier, Figuier,** 1 livr.; — **Pêcher, Prunier, Cerisier, Abricotier,** 1 livr.; — **Tomates, Haricots,** 1 livr.

Les livraisons **Vigne, Melon et Concombre, Fraisier, Tomates et Haricots,** *sont parues.*

Des rapports très-favorables de cet ouvrage ont déjà été faits par la *Société impériale d'Horticulture de Paris* et par un grand nombre de Sociétés les plus importantes des départements.

Greffe.— Traité de la greffe des arbres fruitiers et spécialement de la greffe des boutons à fruit, par l'abbé Dupuy. In-18 avec 24 pl.   2 50

Jardin Fleuriste (*Le*), ou Instructions pour la culture des plantes d'ornement, annuelles ou vivaces, arbres et arbustes, oignons à fleurs, etc., par Ch. Lemaire et Lequien. 2e édit. 1 vol. in-18 orné de 31 fig.   3 50

Melons (*Culture des*), Méthode simple et précise pour obtenir les melons d'une grosseur extraordinaire, etc., par Dufour de Villerose. 2e édit. 1 vol. in-18 orné de 5 grav.   1 fr.

Plantes à feuilles ornementales en pleine terre. Botanique et Culture, par le comte Léonce de Lambertye. 1 vol. in-18 avec fig.   2 fr.

Plantes molles de pleine terre (*Culture pratique des*). *Petunia. Géranium, Pensée. Verveine, Héliotrope,* par le vicomte F. du Buysson. 1 vol. in-18 avec fig.   1 fr.

Évreux, A. Hérissey, imp. — 1165.